知りたい！サイエンス

小林吹代＝著

ガロア理論[超]入門

方程式と図形の
関係から
考える

20歳という若さで決闘で亡くなったガロア。死の直前に書き残した「ガロア理論」は現代数学の根幹をなす金字塔として輝いている。5次以上の方程式に解の公式が存在しないことを4次以下の解法を視覚的につかみながら探る。

技術評論社

はじめに

　いきなりですが,「222201÷9＝2468□」の□は何だと思いますか。ちなみに□は「1の位」の数です。

　「2, 4, 6, 8と続いたのだから……」次は「10」だと考えたなら, あなたはなかなかの推理力の持ち主です。ここで「ちなみに……」の文言が気になったなら, あなたはかなりの慎重派です。「0」ならいざしらず,「10」では「1の位」の数とはいえませんね。紙と鉛筆（または電卓）を取り出して, 222201÷9を計算してみたなら, あなたは地に足の着いた現実派です。そうです。何事も実際にやってみるに超したことはありません。しかも今回はすぐに決着がつきます。「222201÷9＝24689」です。□＝9なのです。

　「222201÷9＝2468□」ということは, 逆にいえば「2468□×9＝222201」です。当然のことながら, □は偶数ではありえません。偶数なら, 9倍（何倍）しても偶数なのです。9の段の九九を思い起こせば,「□×9＝_1」から□＝9と見当がつきますね。

　「2, 4, 6, 8と偶数が続いたのだから……」という思いは, とても自然なものです。詐欺師はこの人間の心理を利用します。「1, 2, 3, 4回目は信頼に応えたのだから……」との思いは,（詐欺師の計画通り）みごとに裏切られるのです。

　数学者なら, そんな詐欺にはひっかからないと思いますよね。でもこの手の思い込みに関しては, あまりほめられたものでもないようです。

　本書で取り上げた方程式でもそうでした。1次, 2次どころか,

はじめに

3次, 4次方程式の「解の公式」が発見されたのです。こうなると数学者だって思うのです。「1次, 2次, 3次, 4次と解けたのだから……」次は5次方程式だと。でも天才少年エヴァリスト・ガロアは違いました。「(1次), 2次, 3次, 4次」方程式に「解の公式」が存在するのは, それだけの理由があるからにちがいないと考えたのです。

ガロアが(今日でいう)「ガロア理論」を考え始めたのは, 今ならまだ高校生の頃です。でも全く理解されないままに, 20歳で決闘によってその生涯を閉じてしまいました。それにしても, なぜ理解されなかったのでしょうか。じつはガロアの解決は, 誰にとっても想定の範囲外だったのです。早い話が, 何をやっているのか見当もつかない代物だったのです。想定とかけ離れたことに対する無理解は, 数学者とても例外ではなかったということです。

今日, 大学で「ガロア理論」に触れることができます。そこではガロアが発見したことは定義へとすりかえられ, 何の困難もなかったかのように淡々と議論が進んでいきます。しかもその過程で基礎知識が身につくようにと, 様々な見地から一般化が図られます。ガロアがどんなことを考えたのか知りたいだけで……, という方も多いのではないでしょうか。幸か不幸か数学から遠ざかること三十数年という私にとって, ガロア理論は遠い昔の思い出です。正直なところ印象だけは残っているものの, その基礎知識さえあやしいものです。でも, ガロア理論を一般的に解説する力はないかわりに, 抽象論で煙に巻く心配もありません。記憶の中のガロア理論は, 人を引きつける何か不思議な魅力を持ち続けて

はじめに

います。そんな何かを，理屈ではなく感性でお届けできたらと思うのです。

最後になりましたが，恩師の久保田富雄先生から頂いた資料を使わせていただきました。「5次以上の方程式に解の公式が存在しない」ことは，この資料の中のたった「2行」で即刻終了となります。頂いた資料の「代数」に関する部分は，付録として転記してあります。遠い昔の記憶がよび覚まされ，本書を書いてみようと思い立ったのは，この資料を目にした瞬間です。父の介護や死去でずいぶん遅くなってしまいましたが，どうもありがとうございました。

2016年10月

小林吹代

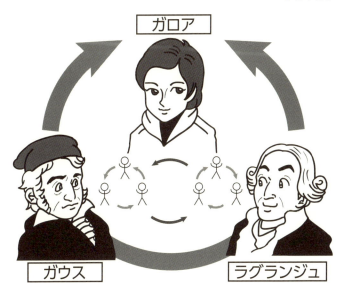

CONTENTS 目次

はじめに ——— 3

序章 天才ガロアの生涯 ——— 8

1章 方程式を根号で解くとは？ ——— 13
- ❶ 「根号」の産みの親は「方程式」 *14*
- ❷ 「根号」のかげに「回る1の累乗根」 *32*
- ❸ 2次方程式は「棒の回転」 *44*
- ❹ バラバラになると大きくなる「体」 *55*
- **コラム❶** 2次方程式の解「黄金数」 *69*

2章 方程式を解いてみよう ——— 71
- ❺ 因数分解による3次方程式の「解の公式」 *72*
- ❻ 因数分解による4次方程式の「解の公式」 *82*
- ❼ ラグランジュの「逆転」発想 *89*
- **コラム❷** 3次方程式の図形的解法〔前編〕 *100*
- ❽ $x^4+x^3+x^2+x+1=0$ は「回る正方形」 *102*
- ❾ 正17角形の作図は「回る正16角形」 *111*

コラムⅢ 3次方程式の図形的解法〔後編〕 *123*

3章 ガロア群を見てみよう ― *125*
- ⑩ 「目で」見るガロア群 *126*
- ⑪ 「逆」から見た3次方程式 *145*
- **コラムⅣ** 3次方程式の還元不能な場合 *165*
- ⑫ 3次方程式のガロア群 *167*
- ⑬ 4次方程式のガロア群 *186*
- **コラムⅤ** 4次方程式解法のアイディア *202*
- ⑭ ガロア最大の発見「正規部分群」 *205*
- ⑮ 5次方程式には存在しない「解の公式」 *219*

付録 資料 ― *231*
参考文献 ― *235*
索引 ― *236*
著者プロフィール ― *239*

序章 天才ガロアの生涯

あなたはどういうきっかけで,「ガロア理論」に興味をもたれたのでしょうか。じつは圧倒的に多いとされるのが,ガロア本人に対する興味・関心です。こうなると,まだガロアのことを知らないという方も,どんな少年だったのか気になってきますね。ここでは,ガロアの生涯をざっと見ていくことにしましょう。

ガロアは,1811年10月25日に生まれ,1832年5月31日に亡くなりました。つまり,たった20年と7ヶ月の人生だったのです。そんな短いガロアの生涯ですが,その中身はまさに激烈でした。

ガロアは,今でいうなら高校生という年齢で,数学上の大発見を成しとげました。ところが,なぜか次々と不運に引き寄せられていったのです。当時の数学者に認められるチャンスはことごとく潰え,政治活動に傾倒し,逮捕投獄され,初恋には破れ,あげくには決闘で命を落としてしまったのです。そんなガロアが,死の直前に書き残したものが,今日でいうところの「ガロア理論」です。

激しいガロアの生涯の中でも,とりわけ衝撃的なのは決闘で亡くなったことです。ガロア自身も認めるような「つまらない決闘」だっただけに,なおさら悲哀が募ります。政治的陰謀とか,恋愛がらみとか,さらには自らの死で政治決起を図る目的だったとか,いろいろな説があるようですが,真相は定かではありませ

序章　天才ガロアの生涯

ん。

「泣かないで。20歳で死ぬのには，大変な勇気がいるのだから」

これは悲報を聞いて駆けつけた弟に，ガロアがかけたとされる言葉です。この言葉を最後に，天才数学者ガロアの生涯は閉じてしまいました。後世多くの数学者が，若すぎたその死を惜しんでいます。でも当時その死を悲しんだのは，家族や友人や政治活動を共にした仲間だけでした。そもそもガロアが天才数学者だなんて，誰も気づいてはいなかったのです。

ガロアは，生前よくこんなことを語っていたそうです。

「不滅なものは人間の思い出のうちにある」

どのような文脈で語られた言葉かは定かではありませんが，ガロアにとって亡くなった父の存在は大きかったようです。

じつはガロアは，最後の望みを託した論文まで，理解不能と拒絶されていました。その重要性を自覚していただけに，ガロアの無念さはいかばかりだったでしょうか。このままいけば，自らの死とともに，発見された内容もまた消滅する運命にあったのです。

友人シュバリエと弟アルフレッドが尽力したおかげで，ガロアの残した成果は奇跡的に数学者の目にとまることになりました。その重要性は次第に認められ，ガロアの残した「ガロア理論」は不滅のものとなったのです。

こんな壮絶なガロアの生涯を，もう少しだけ詳しく振り返ってみることにしましょう。

序章　天才ガロアの生涯

● ガロアの不運

　ガロアが数学を始めたきっかけは、まるで小説さながらです。何と成績不振で落第したことが、その契機となったのです。どうせ同じ学年を繰り返すのなら、ためしに別の教科を学んでみようとでも考えたのでしょうか。とにかく落第したことで、数学の授業を受けることになったのです。人生、何がどうなるか分かったものではありません。この選択が、ガロアの運命を変えてしまったのです。通常なら2年間かけて学ぶはずのルジャンドルの幾何学の本を、ガロアは何と2日間で読んでしまったそうです。それからというもの、ガロアは狂気にとりつかれたかのように、数学に熱中するようになったのです。

　天才の人生が、人もうらやむようなものとは限りません。ガロアの場合も、順風満帆の人生からはほど遠いものでした。まず、入学を熱望していたエコール・ポリテクニークの受験には、2度とも失敗してしまいます。受験は2回までと決められていたので、ガロアの望みは完全に絶たれてしまったのです。

　そもそも2度目の受験の直前には、何と父親が自殺していたのです。父親は人望厚き人柄で、15年間の長きにわたって町長を務めていました。それが政治的陰謀に巻き込まれ、精神的に追いつめられていったようです。父親の不幸な死を目の当たりにして、ガロアは心にどれほど深い傷を負ったことでしょうか。自分や家族に対する悪意のようなものを感じたとしても、何ら不思議ではありません。

　ガロアの書いた論文も、不幸な顛末をたどりました。恩師のリ

序章　天才ガロアの生涯

シャールが，ガロアの論文をコーシーに託したところまではうまくいきました。コーシーは，当時のフランスの第一級の数学者です。ところがそのコーシーは，突如として亡命し，ガロアの前から姿を消してしまったのです。

　ガロアはコーシーに渡した論文を書き直して，今度はフランス学士院に提出しました。その論文は審査のためにフーリエに送られたのですが，何と今度はそのフーリエが急死してしまったのです。このため論文の行方も分からなくなってしまいました。

　論文が紛失されたこともあり，学士院のポアッソンの勧めで，ガロアはもう一度新たに論文を書き上げました。ところが，さんざん待たされたあげくの回答は，何と「理解できない」というものだったのです。ガロアの怒りが頂点に達したのは，いうまでもありません。ちなみに死の直前に書き直していたのは，このとき返却された論文です。これが後に「ガロア理論」とよばれるようになったのです。

　コーシー，フーリエ，ポアッソンと著名な数学者に認められる機会がありながら，期待だけもたせてみんなガロアの前から去っていったのです。

　ガロアは数学を研究する一方で，政治活動にも傾倒していきました。当時の支配階級への反抗心を募らせていったようです。やがてある事件で逮捕され，ついには投獄されてしまいます。友人のシュバリエや弟のアルフレッド，姉のナタリーは何度か面会に訪れたそうですが，母親のマリーは一度も足を運ばなかったということです。

序章　天才ガロアの生涯

　パリ市内でコレラが流行したことで，ガロアは監獄から療養所に移されました。そこでガロアは，今度は失恋を経験することになります。療養所の医師の娘ステフャニーへの一方的な思いは，完全に拒絶されてしまったのです。絶望したガロアは自暴自棄になったのか，最終的には決闘で命を落としてしまいました。

　ガロアの遺した論文は，遺言にしたがってガウスやヤコービに送られました。目を通したか否かは定かではありませんが，理解されなかったのは確実です。やがてその写しがリウヴィルの手に渡り，自身が編集する雑誌「純粋・応用数学雑誌」に掲載されました。ようやく認められる機会が訪れたのです。それはガロアの死後14年もたってからのことでした。とはいえ，さしたる反響もなく，ようやく理解できる者が現れたのは，何と40年近くもたってからのことです。数学者ジョルダンがガロアの論文を判読し，「置換論」を書き上げたのです。そのジョルダンは，自らの著作を次のように称したということです。

『これはガロアの論文の"註記"に過ぎない』[注]

(注：『　』は参考文献で紹介した書籍からの引用で，以下同様とします。)

1章
方程式を根号で解くとは？

　ガロアは提起しました。『与えられた代数方程式の根が根号で表されるかどうかを見分けよ……』問題はこの中の「根号」の意味です。3次方程式の「解の公式」では，解の1つが $\sqrt[3]{}+\sqrt[3]{}$ と表されます。この2つの $\sqrt[3]{}$ ですが，同じ記号だから同じ決め方だと思ったら大変な間違いとなりますよ。

1 「根号」の産みの親は「方程式」

　ガロア理論でもそうですが、何事にも前提があるものです。たとえば、「0.99999……」は何でしょうか。じつは「0.999999……＝1」です。ついでに「1.999999……＝2」、「1.499999……＝1.5」です。

　納得いかなくても不思議ではありません。「0.99999……」というのは、「0.9＋0.09＋0.009＋0.0009＋0.00009＋……」という無限のたし算です。無限にたすなど、そもそもできない相談です。それなのに「……」と表した瞬間、その無限にたした値が自ずと決まってくると信じていたのです。そんな前提で、数学者も平気で扱ってきたのです。あらかじめ「……」の意味をキッチリ定義する必要があると気づいたのは、ずっと後になってからのことだったのです。

　それなら「根号」$\sqrt[3]{}$ はどうでしょうか。じつは3次方程式の「解の公式」では、解の1つが $\sqrt[3]{}+\sqrt[3]{}$ の形をしています。でも平気でこの公式をひけらかすと、とんでもない恥をかきます。そもそもこの「$\sqrt[3]{}$」の前提は、どんなものなのでしょうか。（※詳しくは❺参照）

　それくらい知っている、という声が聞こえてきそうですね。でも高校では、$\sqrt[3]{}$ の中に実数（数直線上の数）しか入れませんでした。ここでは2次方程式の解が入ることになり、一般には複素数（※後述）です。複素数の場合は、3つある中の偏角（※後述）

が最小のものだったような……。確かに，そう定義するのが一般的です。でもそんな前提では，$\sqrt[3]{}+\sqrt[3]{}$ は正しくなくなるのです。偏角最小と偏角最小の和になる保証はない，ということです。

● 根号とは

この章では『方程式が根号によって解けるためには……』の「根号」を見ていきましょう。（※『　』は参考文献で紹介した書籍からの引用で，以下同様とします。）

「根号」というのは記号です。$\sqrt{}$，$\sqrt[3]{}$，$\sqrt[4]{}$ といった記号です。記号はいわば見かけで，大事なのは中身ですね。さて，これらの記号を用いる中身には，どんなものがあるのでしょうか。

たとえば，面積2の正方形の1辺の長さがあります。さすがに正方形の1辺の長さなど数で表さなくてもよい，とは思いませんよね。

面積2の正方形なら，折り紙を折る途中で目にしています。1辺2の折り紙を下図のように折り曲げるのです。

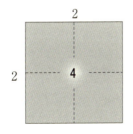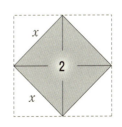

ところがこの1辺の長さ x が，なかなかの「くせ者」なのです。小数や分数ではありえないのです。厳密な証明はさておき，

経験的には誰でも知っています。「同じ小数を2回かけたら小数点が消えてしまった」,「同じ分数を2回かけたら約分できてしまった」ということは起きないのです。

これまでの整数,小数,分数などを「有理数」といいます。有理数というのは,分数で表すことが可能な数です。$3 = \frac{3}{1}$, $0.1 = \frac{1}{10}$ のように,整数も小数も分数で表されます。これに対して,分数で表すことが無理な数を「無理数」といいます。面積2の正方形の1辺の長さは無理数なのです。

$1.4 \times 1.4 = 1.96$ と2に近いので,普段なら約1.4で済ませます。厳密には1.4142135623730950488016887242097……となってきて,このままでは始末に負えません。そこで根号$\sqrt{}$ を用いて,$\sqrt{2}$ と表すことにしたのです。1.4142135623730950488016887242097……$= \sqrt{2}$ です。

これまでも,自然数から始まって小数,分数,負の数と新たな数が導入される度に,新たな表現が工夫されましたね。

同じ数を2回かけることを「2乗する」といいますが,今回の「2乗するとキッチリ2となる数」には,根号$\sqrt{}$ を用いた表現が工夫されたのです。

$\sqrt{2}$ は「ルート2」と読みます。「2乗すると4になる数」は2と-2の2個ですが,「2乗すると2になる数」も2個あって,正の方を $\sqrt{2}$,負の方を $-\sqrt{2}$ と定めています。ところが方程式の話では,$\sqrt{2}$ も $-\sqrt{2}$ も対等で,むしろ区別できないという見方をするのです。

$\sqrt{2}$ だけなら,確かに面積2の正方形の1辺の長さです。でも

❶ 「根号」の産みの親は「方程式」

$\sqrt{2}$ と $-\sqrt{2}$ の両方が対等に現れるとなると,「2乗するとキッチリ2となる数」つまり方程式「$x^2=2$」の解を表すときです。方程式 $x^2=2$ は,いわば双子の $\sqrt{2}$ と $-\sqrt{2}$ の産みの親です。

根号には $\sqrt{}$ だけでなく,$\sqrt[3]{}$,$\sqrt[4]{}$,……もありますね。それなら,これらの根号はどういうときに登場するのでしょうか。もう見当がつきましたね。特別な形の方程式の解を表すときです。それは「$x^n=a$」の形の方程式で「二項方程式」とよばれています。(コラム Ⅲ 参照) 根号 $\sqrt{}$, $\sqrt[3]{}$, $\sqrt[4]{}$ は,二項方程式 $x^2=a$, $x^3=a$, $x^4=a$ の解を表すために工夫された記号なのです。

二項方程式 $x^2=a$, $x^3=a$, $x^4=a$ の解は,それぞれ2個,3個,4個あります。では $\sqrt{}$, $\sqrt[3]{}$, $\sqrt[4]{}$ といった根号で表されるのは,その中のどの解なのでしょうか。

先ほどもふれましたが,一般的な定義は確かにあります。でも方程式の話では,あくまでもその中のどれか1つであって,特定の解を指すわけではないとした方が自然なのです。$x^2=-1$ の解「i」と同様に,「$\sqrt{2}$」も $x^2=2$ の2つある解のどちらか一方というわけです。

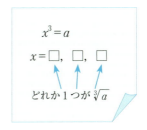

二項方程式 $x^n=a$ の n 個の解を「a の n 乗根」といいます。さ

らに a の「2乗根」「3乗根」……を総称して,「a の累乗根」または「a のべき根」といいます。

代数的には, $\sqrt[n]{a}$ と表される数は n 個の「a の n 乗根」のどれか 1 つにすぎず, 特定の解を指すわけではないのです。方程式 $x^n = a$ の n 個の解は, ($x^n - a$ が因数分解されない既約方程式ならば) どれも同じ方程式から産み出された数として対等なのです。このことを「代数的に区別できない」ということもあります。

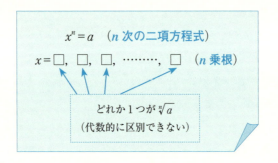

● 二項方程式 $x^2 = a$

まるで雲をつかむような話になってしまいましたね。それでは具体的な例で見ていくことにしましょう。

まずは 1 番簡単な 2 次の二項方程式です。

$$x^2 = a$$

ここで x は, 小学生がよく用いる □ の代わりです。

$$□ × □ = a$$

□ の中, つまり x に入る数を当てよ, とこの方程式は問うているのです。当てはまる数を「解」といいます。昔は,「解」のこ

とを「根(こん)」とよんでいました。今でも「2乗根」つまり $x^2=a$ の解を「平方根」とよびます。「平方」は「2乗」のことで,「3乗」なら「立方」です。「根号」というのは,まさしく方程式の「根」を表すための「記号」なのです。

方程式の解を根号で表すということは,「一般の方程式の解」を特別な「二項方程式の解」を用いて表すということなのです。

「2乗根」を表すのに根号 $\sqrt{}$ が用いられます。もちろん $x^2=a$ の a の値によっては,根号は必要ありません。

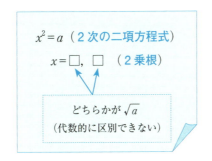

● 二項方程式 $x^2=4$

二項方程式 $x^2=a$ において,$a=4$ とします。

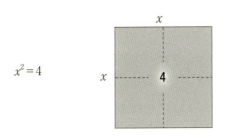

方程式 $x^2=4$ の解を表すには，根号 $\sqrt{}$ は必要ありません。$x^2-4=0$ は $(x+2)(x-2)=0$ となり，しょせんは1次方程式を2つかけ合わせただけのものだからです。

方程式 $x^2=4$ の解 $x=-2$，2 は，代数的に区別できます。$x=-2$ は $x+2=0$ の解であり，$x=2$ は $x-2=0$ の解なのです。方程式 $x^2-4=0$ は新たに数をつけ加えなくても，そのまま分解されてしまうのです。

$$x^2-4=0 \implies (x+2)(x-2)=0$$
何も添加しない

● 二項方程式 $x^2=2$

今度は二項方程式 $x^2=a$ において，$a=2$ とします。

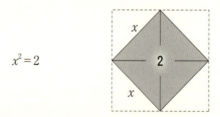

$x^2=2$

通常は2の「2乗根」の正の方を $\sqrt{2}$ とします。でもこの決め方は，残念ながら一般性に欠けるのです。$x^2=a$ の a が正の場合は，確かにこれで不都合はありません。でも a が負の場合や，さらに複素数（※後述）の場合はどうでしょうか。そもそも正負というのは，数直線上で原点から見た右左のことです。数直線上に

ない複素数には，このような決め方そのものがありえないのです。

もし新たに $\sqrt{2}$ という数を係数に用いてよい数（知られた数）とみなすと，$x^2-2=0$ は $(x+\sqrt{2})(x-\sqrt{2})=0$ と分解されます。このことをガロアは，$\sqrt{2}$ を方程式に「添加する」とよんでいます。根号を用いた数 $\sqrt{2}$ の添加により，係数として用いてよい「数の範囲」が広がり，方程式 $x^2-2=0$ に新たな分解が引き起こされるのです。

$$x^2-2=0 \implies (x+\sqrt{2})(x-\sqrt{2})=0$$
$\sqrt{2}$ を添加

ガロアは論文の中で，次のように述べています。

『このようにあるいくつかの与えられた量を知られたものと考えるときは，われわれはそれらの量を与えられた方程式に添加するといい，それらの量は与えられた方程式に添加された量という。』

今の場合なら，$x^2-2=0$ の係数の 1 や -2 と同じように，$\sqrt{2}$ を知られた数とみなすとき，この方程式に $\sqrt{2}$ を添加するということにしたのです。

● 二項方程式 $x^2=-1$

今度は二項方程式 $x^2=a$ において，$a=-1$ とします。さて，次の方程式から何を想像するでしょうか。

$$x^2 = -1 \qquad \boxed{?}$$

根号 $\sqrt{}$ を用いて $\sqrt{-1}$ と表すまではよいとして,問題はその中身です。そもそも面積 -1 の正方形など存在しないのです。

正の数は,2乗すれば正の数です。負の数も,2乗すれば正の数です。0だけは,2乗しても0です。

> (正の数)×(正の数)＝(正の数)
> (負の数)×(負の数)＝(正の数)
> 　0　×　0　＝　0

2乗して負の数 -1 になる数なんて,そもそもどこにあるというのでしょうか。そんな状況など想像すらできない,というのが本音です。

思い起こせば,$x^2=1$ でも似たような状況だったのです。小学生には □×□＝1 に当てはまる数が,1の他にもあるなんて想像もできません。負の数も,その存在が認められるまでには長い月日を要したのです。

今でも「$(-1)×(-1)=1$」には納得いかない,と息巻く方がおられるほどです。その言い分は,借金と借金をかけて貯金になるとは信じられない,というものです。

何も貯金と借金で考えることはないのです。そもそも貯金と貯金にしたところで,かけると何になるというのでしょうか。

-1 をかけることは単なる「方向転換」と思えばよいのです。負の数とは,そもそも向き（符号「＋」「－」）をもった数です。

① 「根号」の産みの親は「方程式」

$(-1) \times (-1) = 1$ は，方向転換を2回繰り返すと元にもどる，というだけのことです。

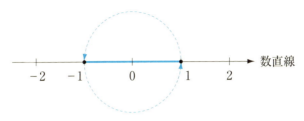

それでは改めて「$x^2 = -1$」を見てみましょう。xを2回繰り返すと，-1の「方向転換（180°回転）」になると考えるのです。そんなxだったら想像できますね。「90°回転」です。xは「90°回転」を表す数，と思えばよいのです。

「180°回転」が「-1」であるのに対して，「90°回転」は「i」と表されます。「i」は「imaginary number」の頭文字で，「虚数単位」とよばれています。「虚言」といえば「ウソ」のことですが，「虚数」は「ウソの数」ではありません。直訳すると「想像上の数」です。

● 複素平面

2乗すると-1になる数「i」など，数学者だってすんなり認めるはずはありませんでした。そもそもこの虚数「i」は，3次方程式を解く過程で便宜上の数として登場したものです。（コラムⅣ参照）あくまでも仮に用いただけで，できればなくて済ませたいのが本音だったのです。そもそも2乗すると-1になる数「i」など，どこに存在するというのでしょうか。

今でも,「i」は「この世」ではなくて「あの世」の数だ,と説明される方がおられるほどです。もっとも,この世を「数直線」,あの世を「複素平面」と解釈すれば,妥当な説明といえそうです。

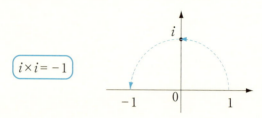

これまで考えてきた数は「実数」といいます。どこに実在するかというと,数直線上です。整数,小数,分数といった「有理数」も,(分数の形に表すのが無理な)「無理数」も,どれも数直線上に実在する実数です。

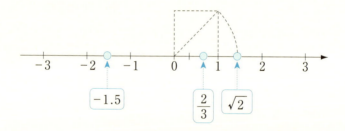

これに対して,数直線を含む平面上にある数を「複素数」とするのです。複素数には実数も含めるのです。

「複素数」は,「$a+bi$」(a, bは実数)と表される数です。$b=0$のときが「実数」で,$b≠0$のときは「虚数」といいます。「複素平面」は,数学者ガウスの名を冠して「ガウス平面」ともよばれています。ガウスは周囲の無理解を恐れて,自分だけでこっそり

❶ 「根号」の産みの親は「方程式」

と複素数を操っていたのです。

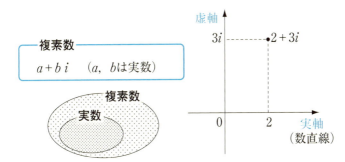

- 複素数 ─
  $a + bi$ （a, b は実数）

複素数も，数というからには加減乗除ができます。「複素平面」の点と点とが計算できるのです。その結果，どこの点になるのか気になりますよね。もっとも，その計算の仕方は単純なもので，「$i^2 = -1$」の他は今まで通りです。

$$(2+3i)+(1-2i)=3+i$$
$$(2+3i)-(1-2i)=1+5i$$
$$(4+3i)\times(1+i)=4+4i+3i+\boxed{3i^2} \quad \leftarrow \boxed{3\times(-1)}$$
$$=1+7i$$
$$(4+3i)\div(1+i)=\frac{4+3i}{1+i}=\frac{(4+3i)(1-i)}{(1+i)(1-i)}$$
$$=\frac{4-4i+3i-\boxed{3i^2}}{1-\boxed{i^2}} \quad \begin{matrix}\leftarrow \boxed{3\times(-1)} \\ \leftarrow \boxed{(-1)}\end{matrix}$$
$$=\frac{7-i}{2}=\frac{7}{2}-\frac{1}{2}i$$

たし算はベクトルと同じで，理科での「力の平行四辺形」となります。

25

$(2+3i)+(1-2i)=3+i$

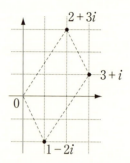

かけ算は「拡大・縮小」と「回転」になります。(順序は逆も可)「絶対値」(原点からの長さ)は「積」となり,「偏角」(x 軸の正の向きとのなす角)は「和」となります。

$(4+3i)\times\underline{(1+i)}=1+7i$

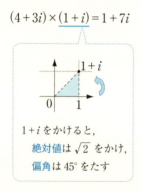

$1+i$ をかけると,
絶対値は $\sqrt{2}$ をかけ,
偏角は $45°$ をたす

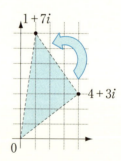

ひき算やわり算は,たし算やかけ算を逆にしたものです。今後,α と β をたして 2 で割った「平均 $\dfrac{\alpha+\beta}{2}$」が出てきます。これは,たして平行四辺形,2 で割ると絶対値(長さ)は半分で偏角はそのまま,ということで「α と β の中点」となります。

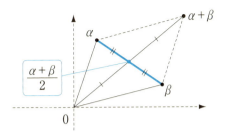

それでは、改めて方程式 $x^2 = -1$ を見てみましょう。

左辺の「x^2」は $x \times x$ なので、求める x と比べると「絶対値(長さ)は2乗」で「偏角は2倍」となっています。右辺の「-1」は「絶対値1」で「偏角180°」です。でもこのことから、x は「絶対値1」で「偏角90°」のところにある数「i」、とは断言できないのです。

確かに絶対値(長さ)は正なので、2乗して1になるのは1だけです。でも2倍して180°のところにくる角は、$180 \div 2 = 90°$ の他にもあるのです。1回転と180°回った角を半分にしても、$(360 + 180) \div 2 = 270°$ となって360°までにおさまるからです。複素平面では、「絶対値1」で「偏角270°」のところにある数です。

結局のところ方程式 $x^2 = -1$ には、「1」から90°回った「i」の他に、270°回ったところにもう1つ解があるということです。さて、それは何でしょうか。

角の270°を $180° + 90°$ と和にすると、かけ算 $(-1) \times i = -i$ が見えてきますね。偏角が「和」になるのは、複素数では「かけ算」でした。この「$-i$」は「270°回転」を表す数で、2回かけると -1 となるのです。

1章　方程式を根号で解くとは？

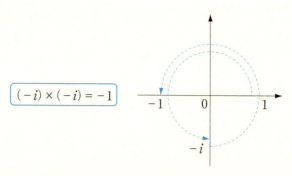

$(-i) \times (-i) = -1$

　もっとも「$-i$」が $x^2 = -1$ の解であることは，単に $-i$ を 2 乗すれば分かることです。$(-i)^2 = (-i) \times (-i) = i^2 = -1$ となり，確かに $x = -i$ は $x^2 = -1$ の解となっていますね。

　今回も新たに $\sqrt{-1} = i$ を係数に用いてよい数とみなすと，方程式 $x^2 + 1 = 0$ には新たな分解が引き起こされます。

$$x^2 + 1 = 0 \implies (x+i)(x-i) = 0$$
$\sqrt{-1} = i$ を添加

● $x^2 = 4,\ x^2 = 2,\ x^2 = -1$

　$x^2 = 4$ と $x^2 = 2$ と $x^2 = -1$ は，確かに見かけは似ています。方程式の「係数」だけ見ていても，さしたる違いはないのです。でもこの中に，代数的には異質な方程式が混じっています。もちろん，$x^2 = 4$ と $x^2 = 2$ は実数解をもつのに $x^2 = -1$ は虚数解をもつ，というような話ではありません。$x^2 - 4 = 0$ は $(x+2)(x-2) = 0$ であり，しょせんは 1 次方程式を 2 つかけ合わせただけのものなのです。

28

❶ 「根号」の産みの親は「方程式」

このことは方程式の解の関係にも関わってきます。$x=-2$, 2 は，それぞれ $x+2=0$, $x-2=0$ の解として互いに無関係な存在です。たとえば $(-2)^2+3\times(-2)+2=0$ ですが，この -2 を 2 で置きかえて，$2^2+3\times 2+2=0$ とはできないのです。「-2 と 2」は双子のような関係ではなく，方程式 $x^2=4$ は産みの親でも何でもありません。

それなら「$\sqrt{2}$ と $-\sqrt{2}$」や「$\sqrt{-1}$ と $-\sqrt{-1}$」はどうでしょうか。たとえば $(1+\sqrt{2})^2-2(1+\sqrt{2})-1=0$ ですが，この $\sqrt{2}$ を $-\sqrt{2}$ で置きかえても $(1-\sqrt{2})^2-2(1-\sqrt{2})-1=0$ となっています。「$\sqrt{2}$ と $-\sqrt{2}$」や「$\sqrt{-1}$ と $-\sqrt{-1}$」は双子のような関係で，代数的には区別すらできない存在なのです。方程式 $x^2=2$ や $x^2=-1$ はその産みの親のようなものなのです。

じつはここまでは，$\sqrt{2}$ や $\sqrt{-1}=i$ を添加していないとしての話です。もし $\sqrt{2}$ を添加したら，$x^2-2=0$ は $(x+\sqrt{2})(x-\sqrt{2})=0$ と分解されてしまいます。$\sqrt{2}$ を添加した「数の範囲」では，$x^2-2=0$ も $x^2-4=0$ と同じく1次方程式を2つかけ合わせただけのものです。

ガウスは，何次方程式でも1次式と2次式の積に分解されることを示しました。これはあくまでも「実数の範囲」でのことで，ガウスは虚数を伏せた形で発表したのです。「複素数の範囲」まで考えれば，これは1次式の積に分解されるということです。つまり何次方程式でも，「解」は（重複を許して数えれば）方程式の次数の個数だけあって，そのありかは「複素平面」だというのです。

ガロアが問題としたのは、これとは根本的に異なったことです。あくまでも「根号で表される数の範囲」で考えて、そこで方程式が $(x+\sqrt{2})(x-\sqrt{2})=0$ や $(x+\sqrt{-1})(x-\sqrt{-1})=0$ のように1次式の積に分解されるかどうかなのです。解が「複素平面」にあることは確かなのですが、「根号で表される数を添加していった数の範囲」におさまっているかどうかは別問題なのです。

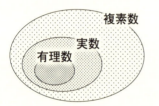

「有理数の範囲」とか「実数の範囲」とか「複素数の範囲」で分解せよ、というのなら高校でやったわ。

「有理数の範囲」 $x^4-4=(x^2-2)(x^2+2)$

「実数の範囲」 $x^4-4=(x-\sqrt{2})(x+\sqrt{2})(x^2+2)$

「複素数の範囲」
$x^4-4=(x-\sqrt{2})(x+\sqrt{2})(x-\sqrt{2}\,i)(x+\sqrt{2}\,i)$

❶ 「根号」の産みの親は「方程式」

4次方程式 $x^4-4=0$ は，有理数の範囲で分解すると $(x^2-2)(x^2+2)=0$ だけど，$\sqrt{2}$ を添加すると $(x-\sqrt{2})(x+\sqrt{2})(x^2+2)=0$ と分解され，さらに $\sqrt{-1}=i$ を添加すると $(x-\sqrt{2})(x+\sqrt{2})(x-\sqrt{2}\,i)(x+\sqrt{2}\,i)=0$ というように，完全に1次式の積に分解されることを学んできたんだね。

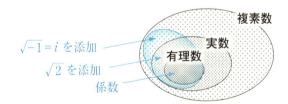

2 「根号」のかげに「回る1の累乗根」

まずは頭の体操です。「1, 2, 3」のように，たしてもかけても等しくなる3個の数を見つけてみましょう。

$$\boxed{1}+\boxed{2}+\boxed{3}=\boxed{1}\times\boxed{2}\times\boxed{3} \quad (両辺6)$$

他に思い浮かばないとしたら，きっと思い込みにとらわれているのです。正の整数の中から探す必要はないのです。

$$0\times1\times(-1)=0+1+(-1) \quad (両辺0)$$

$$1\times\left(-\frac{1}{2}\right)\times\left(-\frac{1}{3}\right)=1+\left(-\frac{1}{2}\right)+\left(-\frac{1}{3}\right) \quad \left(両辺\frac{1}{6}\right)$$

$$(-1)\times\left(1+\sqrt{2}\right)\times\left(1-\sqrt{2}\right)=(-1)+\left(1+\sqrt{2}\right)+\left(1-\sqrt{2}\right)$$

$$(両辺1)$$

方程式 $x^2=4$ だと $x=\pm2$ と即答できるのに，$x^3=8$ だとなぜか $x=2$ しか思い浮かばないのも同じ理由からです。2次方程式 $x^2=4$ に解が2個あるように，3次方程式 $x^3=8$ には解が3個あります。ただ残りの2つは実数ではないのです。

これからは，数といったら断らなくても複素数とします。方程式の解は複素数の中から探すのです。n 次方程式の解は（重複を許して数えれば）n 個あり，そのありかは「複素平面」です。

● 1の n 乗根

$\sqrt{}$，$\sqrt[3]{}$ といった「根号」を用いて表される数は，二項方程式 $x^2=a$，$x^3=a$ の解の中の「どれか1つ」でした。こうなると

❷ 「根号」のかげに「回る1の累乗根」

気になるのは「残りの解」です。はたして残りはどうなっているのでしょうか。

2次の二項方程式 $x^2=a$ の前に、まずは $a=1$ とした $x^2=1$ の解を見てみましょう。ここで x に入るのは複素数です。(ガウスが示したように) 解は複素数で探したところで2個なので、1と-1の他にはありません。2回かけて1になる複素数は「絶対値」(長さ)は1ですが、「偏角」は0°と360÷2=180°の2つあって、それぞれ1と-1なのです。

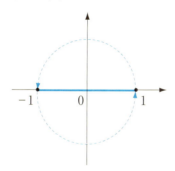

この $x^2=1$ の解である1と-1は、「1の2乗根」とよばれています。「1の n 乗根」は $x^n=1$ の解で n 個あります。

「1の2乗根」を表すには、根号 $\sqrt{}$ は必要ありません。$x^2=1$ つまり $x^2-1=0$ は、新たに数をつけ加えなくても、そのまま分解されてしまうからです。

$$x^2-1=0 \implies (x+1)(x-1)=0$$
何も添加しない

1章 方程式を根号で解くとは？

● $x^2 = a$ の解

まずは $x^2 = a$ の $\sqrt{a}$ でない「残りの解」を見てみましょう。$x^2 = a$ には，たとえば❶で出てきた $x^2 = 2$ や $x^2 = -1$ があります。

$$x^2 = 2 \\ x = \pm\sqrt{2}$$

$$x^2 = -1 \\ x = \pm i$$

さて「2の2乗根」も「-1の2乗根」も，1つの解 $\sqrt{2}$，i に ±1 がかけられています。（後で見てみるように）じつはこの ±1 は，$x^2 = 1$ の解つまり「1の2乗根」なのです。

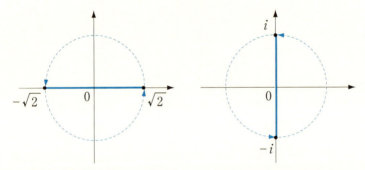

2の2乗根「$\sqrt{2}$ と $-\sqrt{2}$」も，-1の2乗根「i と $-i$」も，原点で互いに180°回転した関係にあります。この関係は，そもそも $x^2 = 1$ の解である 1 と -1 が，原点で互いに180°回転した関係にあることからきているのです。

それでは一般の $x^2 = a$ の解，つまり「a の2乗根」を見ていきましょう。ここで a は複素数です。n 次方程式を解いている途中で $x^2 = a$ が出てきて，このときの a が複素数であることは何も珍

❷「根号」のかげに「回る1の累乗根」

しいことではないのです。

複素平面で「a の2乗根」がどこにあるかは、（$x^2=1$ のときと同じように）「絶対値」（長さ）と「偏角」に分けて見ていくこともできます。でも「1の2乗根」との関連では、次のような式変形をした方がはっきりするのです。

$$x^2 = a$$
$$x^2 = (\sqrt{a})^2 \quad \cdots\cdots ①$$
$$\left(\frac{x}{\sqrt{a}}\right)^2 = 1 \quad \cdots\cdots ②$$
$$\frac{x}{\sqrt{a}} = \pm 1$$
$$x = \pm\sqrt{a} \quad \cdots\cdots ③$$

①の $\sqrt{a}$ は、$x^2=a$ の2個の解のどちらか一方です。③から分かるように、$x^2=a$ の解は、そのどちらか一方の $\sqrt{a}$ に ± 1 をかけた $x=\pm\sqrt{a}$ なのです。

この ± 1 は $X^2=1$ の解です。②で $X=\dfrac{x}{\sqrt{a}}$ とおくと $X^2=1$ となり、この解が $X=\pm 1$ つまり「1の2乗根」です。

$x^2=a$ の解は、どちらか1つを $\sqrt{a}$ と表すと、これに「1の2乗根」の「1と-1」をかけた「$\sqrt{a}$，$-\sqrt{a}$」となっているのです。仮に $-\sqrt{a}$ の方を $\sqrt{a}$ と考えても、もう1つの解はやはり $-(-\sqrt{a})$ です。$\sqrt{a}$ と $-\sqrt{a}$ は、どちらも $x^2=a$ の解として対等なのです。もちろん $\sqrt{a}$ が正で $-\sqrt{a}$ が負というわけではありません。$\sqrt{a}$ や $-\sqrt{a}$ は、どちらも虚数のこともあるのです。

1章 方程式を根号で解くとは？

$x^2 = a$ の2つの解「$\sqrt{a}$，$-\sqrt{a}$」は，互いに(-1)倍となっています。(-1)倍は$180°$の回転です。aの2乗根は，原点で互いに$180°$回転した関係になっているのです。

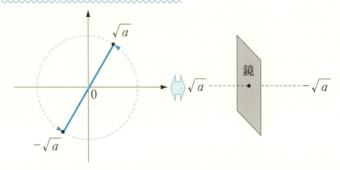

2つの解が互いに(-1)倍であることは，互いに$180°$回転した関係や，互いに鏡に映した関係になっているということです。

逆に$180°$回転した関係や鏡に映したような関係があるときに，「2乗根」（$\sqrt{a}$，$-\sqrt{a}$）を見ることが，ガロア流直観への第一歩なのです。

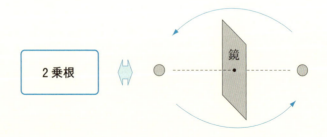

● 1の3乗根

3次の二項方程式 $x^3 = a$ の前に，まずは $a = 1$ とした $x^3 = 1$ の

解を見ていきましょう。この解が「1の3乗根」です。

3回かけて「1」になる複素数は、「絶対値」（長さ）は1ですが「偏角」は3つあります。「0°」「360°」「360°×2」を3で割った「0°」「120°」「240°」です。複素数のかけ算は、偏角で見るとたし算でしたね。

これらの解は、一般に $x = 1, \omega, \omega^2$ と表されます。偏角「120°」「240°」の解のどちらかを ω としたとき、もう片方が ω^2 となるからです。120°の2倍は240°で、240°の2倍は480°つまり（1回転と）120°です。（複素平面に表すときは、ω を偏角120°の方とします。）

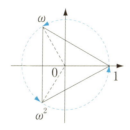

「1の3乗根」を表すのに、根号 $\sqrt[3]{}$ は必要ありません。$x^3 = 1$ つまり $x^3 - 1 = 0$ は、新たに数をつけ加えなくても分解されてしまうからです。

$$x^3 - 1 = 0 \implies (x-1)(x^2 + x + 1) = 0$$
何も添加しない

この $x^2 + x + 1 = 0$ の解が ω と ω^2 です。$x = \omega$ は $x^2 + x + 1 = 0$ の解なので、$\omega^2 + \omega + 1 = 0$ となっています。もちろん $x^3 = 1$ の解で

もあるので，$\omega^3 = 1$ です。

正三角形の頂点に並んだ「1, ω, ω^2」は，ω をかけると置きかわります。1回目で「ω, ω^2, 1 (ω^3)」，2回目で「ω^2, 1 (ω^3), ω」，3回目で「1 (ω^3), ω, ω^2」となって元にもどります。ω をかけることは120°回転で，3回繰り返すと360°となり元にもどるのです。$\omega^3 = 1$ です。

「1, ω, ω^2」ではなく，たとえば「ω, 1, ω^2」と並べても同じことです。ω^2 をかければよいだけで，240°回転していっても3回で元にもどります。

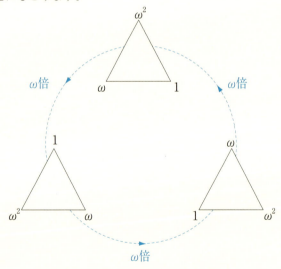

● $x^3 = a$ の解

それでは $x^3 = a$ の解つまり「a の3乗根」を見ていきましょう。ここで a は複素数です。また「a の3乗根」のどれか1つを，根

❷ 「根号」のかげに「回る1の累乗根」

号を用いて $\sqrt[3]{a}$ と表すことにします。

$$x^3 = a$$
$$x^3 = \left(\sqrt[3]{a}\right)^3$$
$$\left(\frac{x}{\sqrt[3]{a}}\right)^3 = 1$$
$$\frac{x}{\sqrt[3]{a}} = 1,\ \omega,\ \omega^2$$
$$x = \sqrt[3]{a},\ \omega\sqrt[3]{a},\ \omega^2\sqrt[3]{a}$$

$x^3 = a$ の解は，どれか1つの $\sqrt[3]{a}$ に「1の3乗根」の1，ω，ω^2 をかけた「$\sqrt[3]{a}$，$\omega\sqrt[3]{a}$，$\omega^2\sqrt[3]{a}$」となります。

もしどれか1つを $\omega\sqrt[3]{a}$ としても，この $\omega\sqrt[3]{a}$ に1，ω，ω^2 をかけた $\omega\sqrt[3]{a}$，$\omega^2\sqrt[3]{a}$，$\sqrt[3]{a}$ となります。$\omega^3 = 1$ なので $\omega^3\sqrt[3]{a} = \sqrt[3]{a}$ なのです。

a の3乗根「$\sqrt[3]{a}$，$\omega\sqrt[3]{a}$，$\omega^2\sqrt[3]{a}$」は，順に ω 倍していったものです。ω 倍は120°の回転で，$\sqrt[3]{a}$，$\omega\sqrt[3]{a}$，$\omega^2\sqrt[3]{a}$ は，原点で120°回転していった関係にあるのです。（「$\omega\sqrt[3]{a}$，$\sqrt[3]{a}$，$\omega^2\sqrt[3]{a}$」なら ω^2 倍の240°回転となるだけです。）

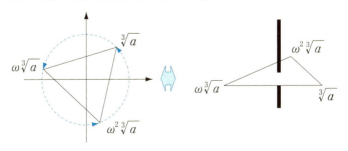

このためω倍することで,「1の3乗根」と同じように回っていくのです。aの3乗根は,正三角形のこまを回しているように,解が置きかわっていくのです。

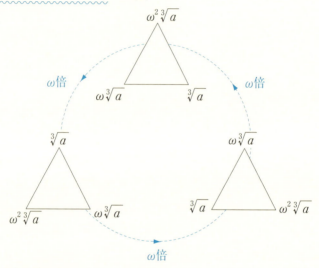

3個の解が順にω倍した関係にあるということは,順に120°回転した関係や,正三角形のこまを回したときの頂点の置きかえのような関係にあるということです。

逆に,この正三角形のこまのような関係があるときに,「3乗根」($\sqrt[3]{a}$, $\omega\sqrt[3]{a}$, $\omega^2\sqrt[3]{a}$)を見ることが,これまたガロア流直観への第一歩なのです。

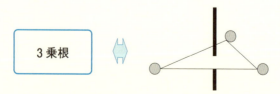

❷ 「根号」のかげに「回る1の累乗根」

● $x^3=2$, $x^3=1$

$x^3=2$ と $x^3=1$ は見かけ（係数）が似ていることから、つい同じような方程式だと思いがちです。でも $x^3=1$ つまり $x^3-1=0$ は $(x-1)(x^2+x+1)=0$ となり、しょせんは1次方程式と2次方程式をかけ合わせただけのものです。

このことは方程式の解の関係にも関わってきます。$x^3=1$ の解 $x=1$, ω, ω^2 は、正三角形状に並んでいることもあり、つい3個を組にして認識しがちです。でもこの3個の中には、1つだけ異質なものが混じっているのです。それは $x=1$ です。$x=1$ は、$x^3-1=0$ を $(x-1)(x^2+x+1)=0$ としたときの、$x-1=0$ の解です。これに対して $x=\omega$, ω^2 は、2次方程式 $x^2+x+1=0$ の解なのです。$x=\omega$, ω^2 は代数的には区別がつきません。でも $x=1$ とは明確に区別できるのです。

それなら $x^3=2$ の解 $x=\sqrt[3]{2}$, $\omega\sqrt[3]{2}$, $\omega^2\sqrt[3]{2}$ はどうでしょうか。確かに $x^3=2$ には実数解（「i」がつかない解）が1つあり、それを $\sqrt[3]{2}$ と表すのが通常です。このため $x=\sqrt[3]{2}$ だけ別だと思いがちです。でも $x^3-1=0$ とは異なり、$x^3-2=0$ はこのままでは分解されないのです。$\sqrt[3]{2}$, $\omega\sqrt[3]{2}$, $\omega^2\sqrt[3]{2}$ は三つ子のような関係にあり、方程式 $x^3=2$ は産みの親のようなものなのです。

でも、もしこの $\sqrt[3]{2}$ を係数として用いてよい数とみなすと、そこでは $x^3-1=0$ が $(x-1)(x^2+x+1)=0$ と分解されるように、$x^3-2=0$ も $(x-\sqrt[3]{2})(x^2+\sqrt[3]{2}\,x+(\sqrt[3]{2})^2)=0$ と分解されるのです。ガロア流にいうならば、根号を用いた数 $\sqrt[3]{2}$ の添加によって、方程式 $x^3-2=0$ には新たな分解が引き起こされるのです。

$$x^3-2=0 \implies \left(x-\sqrt[3]{2}\right)\left(x^2+\sqrt[3]{2}\,x+(\sqrt[3]{2})^2\right)=0$$
$\sqrt[3]{2}$ を添加

　この分解は，あくまでも $x^3=2$ の3つの解のうちの1つだけを添加した場合の話です．本来ならば代数的には区別がつかず，対等なはずの $x=\sqrt[3]{2}$, $\omega\sqrt[3]{2}$, $\omega^2\sqrt[3]{2}$ の中の1つだけを添加した場合です．もちろん（区別がつかない）他の解を1つだけ添加しても，（区別がつかない）そっくりな分解となってきます．

$$x^3-2=0 \implies \left(x-\omega\sqrt[3]{2}\right)\left(x^2+\omega\sqrt[3]{2}\,x+(\omega\sqrt[3]{2})^2\right)=0$$
$\omega\sqrt[3]{2}$ を添加

$$x^3-2=0 \implies \left(x-\omega^2\sqrt[3]{2}\right)\left(x^2+\omega^2\sqrt[3]{2}\,x+(\omega^2\sqrt[3]{2})^2\right)=0$$
$\omega^2\sqrt[3]{2}$ を添加

　ところが，（「3乗根」を添加する場合には）あらかじめ ω を添加しておくと，つまり ω を係数に用いてよい数とみなすと，これまでとは様相が一変します．$\sqrt[3]{2}$, $\omega\sqrt[3]{2}$, $\omega^2\sqrt[3]{2}$ の中のどれか1つを添加しただけで，$x^3-2=0$ は完全に分解してしまうのです．

$$x^3-2=0 \implies \left(x-\sqrt[3]{2}\right)\left(x-\omega\sqrt[3]{2}\right)\left(x-\omega^2\sqrt[3]{2}\right)=0$$
（ω は添加済み）$\sqrt[3]{2}$ を添加

　方程式の分解は，添加した数だけでなく，それらと係数とを加減乗除した「数の範囲」で行うのです．あらかじめ ω を添加し

❷ 「根号」のかげに「回る1の累乗根」

ておくと，$\sqrt[3]{2}$ を添加しただけで，$\omega\sqrt[3]{2}$，$\omega^2\sqrt[3]{2}$ も係数として用いてよいことになるのです。

$x^2=2$ ならば，2つの解の中の1つだけを添加するのと，全部を添加するのとでは何も変わりません。$\sqrt{2}$ を添加して用いてよいとなると，これを (-1) 倍した $-\sqrt{2}$ も用いてよいのです。

でも $x^3=2$ では，3つの解のうちの1つだけを添加するのと全部を添加するのとでは，全く異なってくるのです。ガロアはこのちがいをとらえることで，「正規部分群」（※後述）の概念を発見することとなるのです。

鏡に映したような関係にあるかどうか，って何と何の話なの？

方程式の「解の置換」の話さ。ガロア群をのぞいてみて，解の置換が2組に分かれて回っていたら「2乗根」の添加なのさ。根号 $\sqrt{}$ の出番だよ。

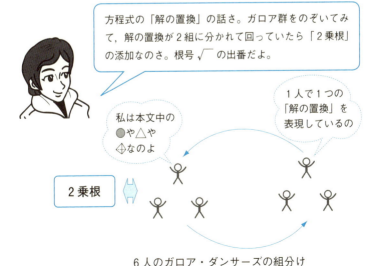

6人のガロア・ダンサーズの組分け

3　2次方程式は「棒の回転」

　2次方程式に「解の公式」が存在するのはなぜでしょうか。

　そんな理由など考えたことがなくても，存在することは確実ですね。誰しもその目で見たことがあるからです。百聞は一見にしかず，というではありませんか。

　2次方程式の授業では，「解の公式」を導くべく「平方完成」(後述)に余念がありません。教える側は「解の公式」を知っているのです。根号 $\sqrt{}$ を用いた解を出すのですから，「平方」(2乗)を作るのは暗黙の前提なのです。でも教わる側は，そんな事情など想定の範囲外です。xに当てはまる数を知りたいだけなのに，そもそも何をやっているのか見当もつかないと思っているのです。

　そこにガロアが登場したらどうでしょうか。たまりかねたガロアが棒の真ん中をつかむと，クルリと半回転して叫ぶのです。ほらもう半回転すれば元に戻るではないか，と。これでは，一気に解決どころの騒ぎではありません。誰にとっても想定の範囲外で，教室は大パニックです。

● 平方完成

　2次方程式の解法は，いつ頃から知られていたと思いますか。驚いてはいけません。何とすでに紀元前3000年頃の，メソポタミア文明のあたりから知られていたようです。記録されたものでは，紀元前2000年頃に記されたとされる粘土板文献『BM13901』

が残されています。

その解法の要は、正方形に変形することです。ここでは次の2次方程式①を例にとって、そこで用いられたアイディアを見ていくことにしましょう。どこで「根号」が登場するのかに着目です。

$x^2 + 2x - 4 = 0$ ……①

まず -4 を右辺に移項します。

$x^2 + 2x = 4$ ……②

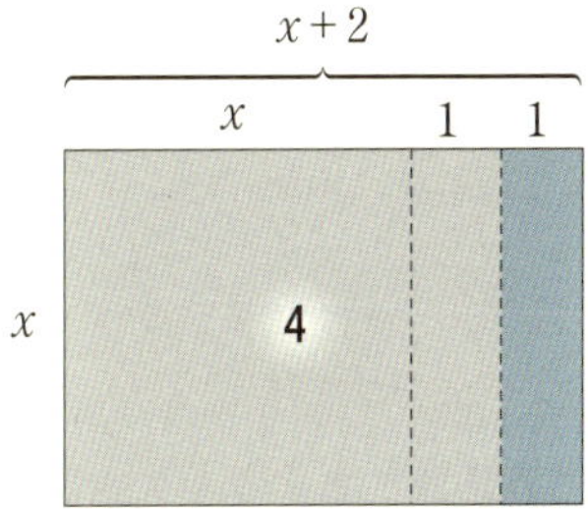

方程式②を $x(x+2) = 4$ として見てみると、「上図の長方形の面積が4のとき、縦 x の長さはいくらか」と解釈できます。ちなみに、古くは正の解だけを問題にしていました。

いよいよ正方形への変形です。長方形を切って並べかえ、欠けた部分は（両辺に）補うことにするのです。

$x^2 + 2x = 4$

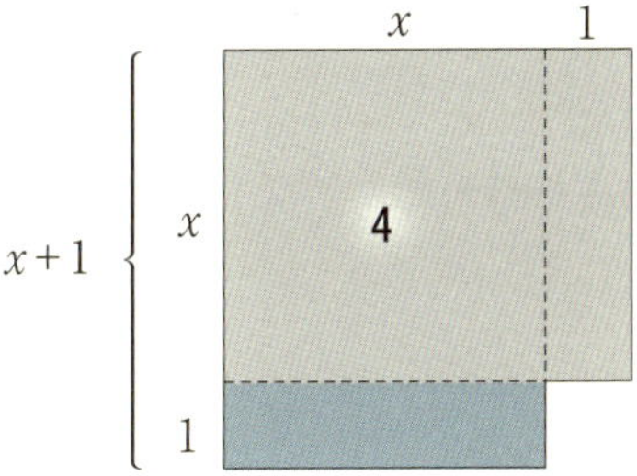

$x^2 + 2x + 1 = 4 + 1$

$(x+1)^2 = 5$

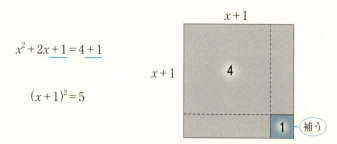

これで1辺が $X = x+1$ の正方形の出来上がりです。「二項方程式 $X^2 = 5$」に変形できたのです。ここで「根号」$\sqrt{}$ の登場です。$X = \pm\sqrt{5}$ と表され、後は $(X =) x + 1 = \sqrt{5}$，$-\sqrt{5}$ の両辺から1を引けば、$x = \sqrt{5} - 1$，$-\sqrt{5} - 1$ と求まります。

一般の2次方程式の解法も、用いられるアイディアは全く同じです。正方形に変形して、二項方程式にするのです。この変形は「平方完成」とよばれています。この二項方程式の解を表すときに「根号」が登場し、同じように計算してまとめたものが「解の公式」です。

> **2次方程式の「解の公式」**
> 2次方程式 $ax^2 + bx + c = 0$ $(a \neq 0)$ の解は
> $$x = \frac{-b \pm \sqrt{b^2 - 4ac}}{2a}$$

先ほどの結果を、この「解の公式」を用いて求めてみましょう。

$x^2 + 2x - 4 = 0$

$$x = \frac{-2 \pm \sqrt{2^2 - 4 \times 1 \times (-4)}}{2 \times 1}$$

$$= \frac{-2 \pm \sqrt{20}}{2}$$

$$= \frac{-2 \pm 2\sqrt{5}}{2}$$

$$= -1 \pm \sqrt{5}$$

● 解と係数の関係

前節で $x^3=1$ の解である「1の3乗根」を見てみました。$x^3=1$ つまり $x^3-1=0$ を $(x-1)(x^2+x+1)=0$ としたときの, $x^2+x+1=0$ の解を求めてみましょう。

$$x^2+x+1=0$$

$$x = \frac{-1 \pm \sqrt{1^2-4\times1\times1}}{2\times1}$$

$$= \frac{-1 \pm \sqrt{-3}}{2}$$

$$= \frac{-1 \pm \sqrt{3}\,i}{2}$$

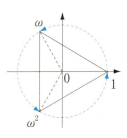

ここでは $\omega = \frac{-1+\sqrt{3}\,i}{2}$ としますが,前節で見たように,どちらを ω としても他方は ω^2 です。また ω は「$x^2+x+1=0$, $x^3=1$」の解であることから,「$\omega^2+\omega+1=0$, $\omega^3=1$」つまり「$\omega^2+\omega=-1$, $\omega^2\omega=1$」となっています。

一般の2次方程式の解 α, β の「和 $\alpha+\beta$」と「積 $\alpha\beta$」についても,$ax^2+bx+c=a(x-\alpha)(x-\beta)$ の右辺を展開し,左辺と係数を比較すれば,次の「解と係数の関係」が出てきます。

1章　方程式を根号で解くとは？

2次方程式の「解と係数の関係」
$ax^2+bx+c=0$（$a\neq 0$）の2つの解をα, βとすると
$$\alpha+\beta = -\frac{b}{a}$$
$$\alpha\beta = \frac{c}{a}$$

● 対称性

これまでにaの2乗根，つまり$x^2=a$の解$\sqrt{a}$と$-\sqrt{a}$は互いに(-1)倍となっていて，（複素平面で）「原点で」互いに180°回転した関係になっていることを見てきました。

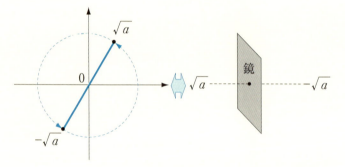

それでは，一般の2次方程式$ax^2+bx+c=0$（$a\neq 0$）の解はどうなっているのでしょうか。ここでは，a, b, cは実数とし，さらに1次方程式を2つかけ合わせただけのものは最初から除外しておくことにします。

まずは先ほどの$x^2+2x-4=0$を見てみましょう。

解は$x=-1\pm\sqrt{5}$でしたが，わざわざ解を求める必要はありません。αとβの中点は$\dfrac{\alpha+\beta}{2}$ですが，「解と係数の関係」から$\alpha+\beta=-2$なので，すぐにαとβは$\dfrac{\alpha+\beta}{2}=-1$で対称だと分か

ります。つまり，−1 で互いに 180° 回転した関係になっているのです。

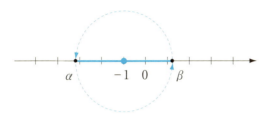

今度は，「1 の 3 乗根」で出てきた $x^2+x+1=0$ を見てみましょう。

解は $x=-\dfrac{1}{2}\pm\dfrac{\sqrt{3}}{2}i$ と虚数になりましたが，やはり同じことです。「解と係数の関係」から $\alpha+\beta=-1$ なので，すぐに α と β は $\dfrac{\alpha+\beta}{2}=-\dfrac{1}{2}$ で対称だと分かるのです。α と β（ω と ω^2）は，複素平面の $-\dfrac{1}{2}$ で互いに 180° 回転した関係になっているのです。

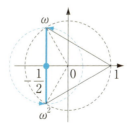

一般の 2 次方程式 $ax^2+bx+c=0$（$a\neq 0$）でも同じことです。2 つの解 α，β の中点は $\dfrac{\alpha+\beta}{2}$ ですが，「解と係数の関係」から $\alpha+\beta=-\dfrac{b}{a}$ なので，すぐに α と β は $\dfrac{\alpha+\beta}{2}=-\dfrac{b}{2a}$ で対称だと分かります。α と β は，複素平面の $-\dfrac{b}{2a}$ で互いに 180° 回転した

1章 方程式を根号で解くとは？

関係になっているのです。

● 解の公式

2次方程式の「解の公式」は一体何だったのでしょうか。対称性の観点から見直してみることにしましょう。

まずは $\frac{\alpha+\beta}{2}$ が原点にくるように平行移動してみます。すると2つの解 α, β の移動先は次のようになります。

$$\frac{\alpha+\beta}{2} \to 0 \quad \left(\frac{\alpha+\beta}{2} - \frac{\alpha+\beta}{2} = 0\right)$$

$$\alpha \to \frac{\alpha-\beta}{2} \quad \left(\alpha - \frac{\alpha+\beta}{2} = \frac{\alpha-\beta}{2}\right)$$

$$\beta \to -\frac{\alpha-\beta}{2} \quad \left(\beta - \frac{\alpha+\beta}{2} = \frac{\beta-\alpha}{2} = -\frac{\alpha-\beta}{2}\right)$$

ここで $\frac{\alpha-\beta}{2}$ と $-\frac{\alpha-\beta}{2}$ は互いに (-1) 倍となっています。「原点で」互いに $180°$ 回転した関係になっているのです。

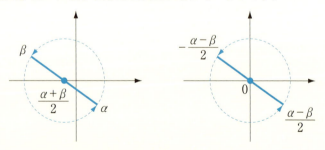

（この節では実数係数の2次方程式としているので，実数解か虚数解かによって次の図のようになっています。）

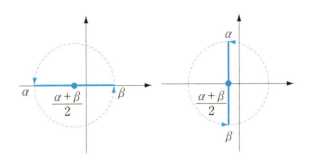

じつは $\dfrac{\alpha+\beta}{2} = -\dfrac{b}{2a}$ が原点にくるように平行移動することは，$X = x - \left(-\dfrac{b}{2a}\right) = x + \dfrac{b}{2a}$ とおいて2次方程式 $ax^2+bx+c=0$ を二項方程式 $X^2 = D$ に変形することにあたるのです。この二項方程式の解が，互いに (-1) 倍となっている $\dfrac{\alpha-\beta}{2}$ と $-\dfrac{\alpha-\beta}{2}$ なのです。実際に，これらを2乗すると次のようになっています。

$$\left(\dfrac{\alpha-\beta}{2}\right)^2 = \dfrac{\alpha^2 - 2\alpha\beta + \beta^2}{4}$$

$$= \dfrac{(\alpha^2 + 2\alpha\beta + \beta^2) - 2\alpha\beta - 2\alpha\beta}{4}$$

$$= \dfrac{(\alpha+\beta)^2 - 4\alpha\beta}{4}$$

$$= \dfrac{\left(-\dfrac{b}{a}\right)^2 - 4 \cdot \dfrac{c}{a}}{4}$$

$$= \dfrac{b^2 - 4ac}{4a^2}$$

これは，$X = \dfrac{\alpha - \beta}{2}$，$-\dfrac{\alpha - \beta}{2}$ が二項方程式 $X^2 = \dfrac{b^2 - 4ac}{4a^2}$ の解ということです。$X = \pm \dfrac{\sqrt{b^2 - 4ac}}{2a}$ です。

α と β を求めたいなら，もう一度逆に平行移動してもどせばよいのです。$\alpha - \dfrac{\alpha + \beta}{2} = \dfrac{\alpha - \beta}{2}$，$\beta - \dfrac{\alpha + \beta}{2} = -\dfrac{\alpha - \beta}{2}$ としたのを，$\left(-\dfrac{\alpha + \beta}{2} \text{を移項して}\right) \alpha = \dfrac{\alpha + \beta}{2} + \dfrac{\alpha - \beta}{2}$，$\beta = \dfrac{\alpha + \beta}{2} - \dfrac{\alpha - \beta}{2}$ とするのです。

$$\alpha = \frac{(\alpha + \beta) + (\alpha - \beta)}{2}, \quad \beta = \frac{(\alpha + \beta) - (\alpha - \beta)}{2}$$

$\dfrac{\alpha + \beta}{2} = -\dfrac{b}{2a}$ なので，これより解の α，β は $x = -\dfrac{b}{2a} \pm \dfrac{\sqrt{b^2 - 4ac}}{2a}$ $= \dfrac{-b \pm \sqrt{b^2 - 4ac}}{2a}$ と求まります。

● 2次方程式の解の置換

2次方程式 $ax^2 + bx + c = 0$ の2つの解 α，β は，$\dfrac{\alpha + \beta}{2} = -\dfrac{b}{2a}$ で互いに180°回転した関係になっているのです。このため，解が互いに (-1) 倍となるような二項方程式 $X^2 = D$ に変形できるのです。解が「根号」($\pm\sqrt{D}$) を用いて表されるのです。

ガロアに多大な影響を与えたとされるラグランジュは，この根号で表される数 $\pm\sqrt{D}$ に着目しました。この二項方程式 $X^2 = D$ の解 $\sqrt{D}$，$-\sqrt{D}$ は，もとの方程式の解 α，β を用いて $\dfrac{\alpha - \beta}{2}$，$-\dfrac{\alpha - \beta}{2}$ と表されるのです。ラグランジュは，「解を根号で表す」

のが解の公式ならば，逆に「根号の数を解で表す」とどうなるか
と考えたのです。このラグランジュの「逆転」発想については，
また後の章で詳しく見ていくことにしましょう。

さてガロアがこんな計算を見たら，笑いだすかもしれませんね。
ガロアは，「計算の上を飛ぶ」というような趣旨のことを語って
いるのです。両端がαとβであるような棒（正二角形？）を真
ん中でつかみ，クルリと180°回せばαとβが置きかわった状態
になり，さらに180°回せば元の状態にもどるに決まっています。

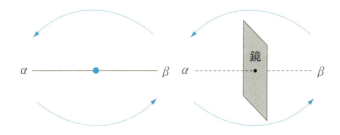

2次方程式の解が根号$\sqrt{}$を用いて表されることは，解が互
いに(-1)倍となるように方程式を変形してみる，つまりは二項
方程式に変形（平方完成）してみるまでもないことなのです。解
が互いに180°回転したような関係になっていること，つまりα
とβの置きかえを2回繰り返すと元にもどるということがすべ
てなのです。

ガロアにとって，2次方程式の解が根号$\sqrt{}$を用いて表され
ることは，この棒の回転にすぎないと感じられたにちがいありま
せん。

1章　方程式を根号で解くとは？

3次方程式なら「立方完成」すればいいだけじゃないの？

3つの解は，必ずしも正三角形状には並んでいないから，「立方完成」だけでは解けないのさ。でも「平方完成」と「立方完成」で解けるよ。ガロア群をのぞいてみれば，すぐに分かるよ。

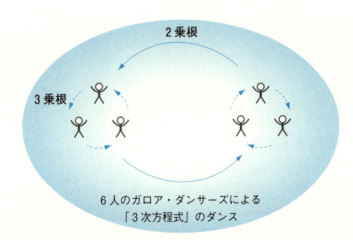

6人のガロア・ダンサーズによる「3次方程式」のダンス

バラバラになると大きくなる「体」

まずは頭の体操です。次はどう計算しますか。

$$1+(1+2)+(1+2+3)+(1+2+3+4)+(1+2+3+4+5)$$

これくらいだったら、普通に計算した方が早いですね。でも2つずつ束ねると、少々楽ができるのです。

$$1+\{(1+2)+(1+2+3)\}+\{(1+2+3+4)+(1+2+3+4+5)\}$$
$$=1+(1+2+3+2+1)+(1+2+3+4+5+4+3+2+1)$$
$$=1^2+3^2+5^2$$
$$=35$$

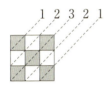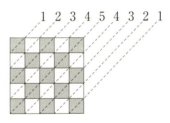

これから、ちょっとした工夫で解が求まる方程式を見ていきましょう。

● $x^5=1$ の解

方程式 $x^5=1$ の解は「1の5乗根」です。じつはこの解は、$\sqrt{}$ の中にまた $\sqrt{}$ が入って表されるのです。

$x^5-1=0$ の5個の解の1つなら、すぐに分かりますね。$x=1$

です。$x=1$ が解ということは，$x^5-1=(x-1)(\cdots\cdots\cdots)$ と因数分解されるはずです。(筆算で) 計算すれば，
$$(x^5-1)\div(x-1)=x^4+x^3+x^2+x+1$$
と求まり，先ほどの $(x-1)(\cdots\cdots\cdots)$ は次のようになります。($6\div 2=3$ から $6=2\times 3$ となるのと同じことです。)
$$x^5-1=(x-1)(x^4+x^3+x^2+x+1)$$

それでは，4次方程式 $x^4+x^3+x^2+x+1=0$ を解いていきましょう。

$$x^4+x^3+x^2+x+1=0$$

$$x^2+x+1+\frac{1}{x}+\frac{1}{x^2}=0 \quad (\text{両辺を } x^2 \text{ で割る})$$

$$\left(x^2+\frac{1}{x^2}\right)+\left(x+\frac{1}{x}\right)+1=0$$

$$\left(x^2+2\cdot x\cdot\frac{1}{x}+\frac{1}{x^2}\right)-2\cdot x\cdot\frac{1}{x}+\left(x+\frac{1}{x}\right)+1=0$$

$$\left(x+\frac{1}{x}\right)^2+\left(x+\frac{1}{x}\right)-1=0$$

ここで，$x+\dfrac{1}{x}=t$ とおくと

$$\boxed{t^2+t-1=0} \quad \cdots\cdots \text{(補助方程式)}$$

$$t=\frac{-1\pm\sqrt{5}}{2}$$

$$x+\frac{1}{x}=\frac{-1\pm\sqrt{5}}{2}$$

$$x^2-\frac{-1\pm\sqrt{5}}{2}x+1=0 \quad (\text{両辺を } x \text{ 倍する})$$

$$x^2 - \frac{-1+\sqrt{5}}{2}x + 1 = 0 \rightarrow x = \frac{-1+\sqrt{5} \pm \sqrt{10+2\sqrt{5}}\, i}{4}$$

$$x^2 - \frac{-1-\sqrt{5}}{2}x + 1 = 0 \rightarrow x = \frac{-1-\sqrt{5} \pm \sqrt{10-2\sqrt{5}}\, i}{4}$$

$x^4 + x^3 + x^2 + x + 1 = 0$ の解は，$\sqrt{}$ の中にまた $\sqrt{}$ が入って表されましたね。

● 補助方程式(1)

4次方程式 $x^4 + x^3 + x^2 + x + 1 = 0$ は，2次方程式を2回解くことに帰着されました。このため，解は $\sqrt{}$ の中にまた $\sqrt{}$ が入って表されたのです。

$$t^2 + t - 1 = 0 \quad \left[\text{解 } t = \frac{-1 \pm \sqrt{5}}{2} \right]$$

$$x^2 - \frac{-1 \pm \sqrt{5}}{2}x + 1 = 0$$

この解法の途中で用いられた $t^2 + t - 1 = 0$ は，「補助方程式」とよばれています。

この2次の補助方程式 $t^2 + t - 1 = 0$ の解を係数に用いてよいとみなすと，つまり $\frac{-1 \pm \sqrt{5}}{2}$ を与えられた方程式に添加すると，$x^4 + x^3 + x^2 + x + 1 = 0$ には新たな分解が引き起こされます。じつは，次のように分解されるのです。（※後述）

$$x^4+x^3+x^2+x+1=0$$
添加
$$\left(x^2-\frac{-1+\sqrt{5}}{2}x+1\right)\left(x^2-\frac{-1-\sqrt{5}}{2}x+1\right)=0$$

● 方程式と「体」

ガロアは論文で「添加する」という用語を説明した後,次のように続けています。

『このように添加する量を任意に規約した上で,与えられた方程式の係数と添加された量の有理関数として表される量を有理的と呼ぶのである。

補助の方程式を用いるときは,その係数が上の意味で有理的であるとき,その補助方程式も有理的であるという。』

今の場合は $x^2-\frac{-1\pm\sqrt{5}}{2}x+1=0$ の係数に, $\frac{-1\pm\sqrt{5}}{2}$ そのものが用いられています。でも,必ずしも $\frac{-1\pm\sqrt{5}}{2}$ そのものである必要はないのです。さらには添加する数も, $\frac{-1\pm\sqrt{5}}{2}$ でなく $\sqrt{5}$ でもよいのです。 $\frac{-1\pm\sqrt{5}}{2}$ は, $\sqrt{5}$ と与えられた方程式の係数から「有理的に」(加減乗除で)出てくるからです。

ガロアは補助方程式そのものではなく,添加する数に目を向けていました。方程式を分解していく際には,補助方程式の解そのものではなく,その解と係数とを加減乗除した「数の範囲」で考

えるからです。そこで加減乗除で出てくる数を, ガロアは「有理的」とよぶことにしたのです。

ガロアは, 今日でいうところの加減乗除で閉じた「体(たい)」の概念が頭にあったのです。でもこの時代には, まだ集合の概念すらありませんでした。解と係数とを加減乗除して出てくる数を全体としてとらえていても, そのことを表現する術がなかったのです。

さて「方程式」で話を進めていくと, 数（補助方程式の解）の添加により（都合のよい方程式に取りかえると）「方程式」が分解されていきます。これに対応して,（後の章で見るように）じつは「群」の方も分解していくのです。

でも「体」で話を進めていくと, 数の添加により「体」は拡大されていきます。もちろん「群」の方は, これまで通り分解されて小さくなっていきます。

もちろん「方程式」も「体」も, 同じものを別の角度からとらえているだけです。分解されると「方程式」の次数は小さくなりますが, そのときの係数はより複雑な数になるのです。つまり拡大された「体」の数となるのです。

● 体

ここから先は, ほんの少しだけ「体」の話をしていきます。もっとも,「方程式（の係数）」（添加する数）を「体」に置きかえてみる程度です。ここを読み飛ばしても, 何らさしつかえありません。

まず, もとの方程式 $x^4+x^3+x^2+x+1=0$ は, このままでは分

解できません。でもそれは，どんな「数の範囲」で考えてのことでしょうか。この場合は，もともとの係数に1しかないことから，1を加減乗除した数の範囲で考えているのです。これは有理数（分数）全体からなる数の集合で，「**有理数体 Q**」とよばれています。数にかぎっていうならば，「体」というのは加減乗除で閉じている集合のことです。分数を加減乗除しても分数となり，この中で閉じているのです。

それでは，方程式 $x^4+x^3+x^2+x+1=0$ を見ていきましょう。まずは，（何も添加しない）有理数体 Q の数を係数に用いて分解します。この「数の範囲」では分解しません。

$$x^4+x^3+x^2+x+1=0 \qquad \text{〔Qの範囲〕}$$

次に，補助方程式の解 $\dfrac{-1\pm\sqrt{5}}{2}$ を添加します。これは $\sqrt{5}$ を添加するのと同じです。$\sqrt{5}$ と有理数体 Q の数を加減乗除して出来る体を $Q(\sqrt{5})$ と表します。この $Q(\sqrt{5})$ の数を係数に用いて分解するのです。

$$\left(x^2-\frac{-1+\sqrt{5}}{2}x+1\right)\left(x^2-\frac{-1-\sqrt{5}}{2}x+1\right)=0 \quad \text{〔}Q(\sqrt{5})\text{の範囲〕}$$

じつはこの $Q(\sqrt{5})$ は，「$a+b\sqrt{5}$」（a, b は有理数）という数の集合と同じです。$\sqrt{5}$ と有理数とを加減乗除した数は，すべて「$a+b\sqrt{5}$」と表されるのです。$(\sqrt{5})^2=5$ なので「加減乗」まではよいとして，問題は「除」です。じつは，$a+b\sqrt{5}$ の形の数を $a+b\sqrt{5}$ の形の数で割っても，また $a+b\sqrt{5}$ の形の数になる

のです。このことは，分母の「有理化」としておなじみですね。

最後に，先ほど2つに分解した2次方程式の解を添加します。その解の1つである $\dfrac{-1+\sqrt{5}+\sqrt{10+2\sqrt{5}}\,i}{4}$ をζとすると，(後で見てみるように) 残りの解は $\zeta^2, \zeta^3, \zeta^4$ となっています。そこで，ζとQ($\sqrt{5}$)の数を加減乗除して出来る体をQ($\sqrt{5}$, ζ)と表します。ところが（後で見てみるように）$\sqrt{5} = (\zeta+\zeta^4)-(\zeta^2+\zeta^3)$ であることから，このQ($\sqrt{5}$, ζ)は，Qの数とζとを加減乗除して出来る体Q(ζ)と同じです。

このQ(ζ)という数の範囲で分解すると，今度は完全に（1次式の積に）分解します。

$$(x-\zeta)(x-\zeta^2)(x-\zeta^3)(x-\zeta^4)=0 \qquad \text{〔Q(ζ)の範囲〕}$$

さて，Q⊂Q($\sqrt{5}$)⊂Q(ζ) というように，体はどんどん拡大されていきます。より複雑でより多くの数を含んだ「数の範囲」となっていくのです。

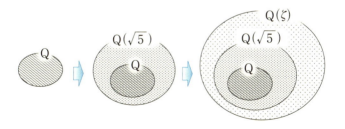

このどんどん拡大された「数の範囲」で分解するとなると，つまり係数に用いてよいとなると，方程式の方はどんどん分解されて次数が小さくなっていくのです。

$$x^4+x^3+x^2+x+1=0 \qquad \text{〔Qの範囲〕}$$

↓ $\sqrt{5}$ を添加

$$\left(x^2-\frac{-1+\sqrt{5}}{2}x+1\right)\left(x^2-\frac{-1-\sqrt{5}}{2}x+1\right)=0 \quad \text{〔Q}(\sqrt{5})\text{の範囲〕}$$

↓ ζ を添加

$$(x-\zeta)(x-\zeta^2)(x-\zeta^3)(x-\zeta^4)=0 \qquad \text{〔Q}(\zeta)\text{の範囲〕}$$

● **補助方程式(2)**

4次方程式 $x^4+x^3+x^2+x+1=0$ の場合は、「両辺を x^2 で割る」という古くからよく知られた方法で補助方程式が見つかりました。それにしてもこの不思議な方法は、いったいどこから降ってわいたのでしょうか。

そこで今度は、逆からこの解法を見ていくことにしましょう。そうすることで、後の章で扱うラグランジュの方法につなげるのです。

なお、この $x^4+x^3+x^2+x+1=0$ については、さらにもう一度別の章で追求していくことにします。有名なガウスの方法で解いてみるのです。

結論からいうと、どれも結果的には同じ方法です。でも「両辺を x^2 で割る」というような小手先の技法は、一般に通じるはずがないのは明らかです。それでも歴史的には5次方程式を小手先の変形で解いてみせようと、腕力まかせの努力が続けられたのです。残念ながらその努力が実を結ぶはずはなく、ことごとく徒労

に帰したというわけです。

それではラグランジュ流に，逆から4次方程式 $x^4+x^3+x^2+x+1=0$ を解いていくことにしましょう。

まずは解を複素平面に表してみて，どのような関係になっているかを見てみます。

$x^5=1$ の解は，複素平面では5回転すると1にくる数です。ζ を「絶対値」(長さ)が1で，「偏角」が $360\div5=72°$ の複素数とします。$x^5=1$ の解は，「絶対値」が1，「偏角」が $360\times n\div5=(360\div5)\times n=72n$ ($n=0, 1, 2, 3, 4$) であることから，$x=1, \zeta, \zeta^2, \zeta^3, \zeta^4$ となります。これら5個の解は，正五角形状に並んでいます。

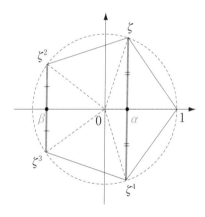

図から分かるように，「ζ と ζ^4」や「ζ^2 と ζ^3」は，それぞれ中点 $\alpha=\dfrac{\zeta+\zeta^4}{2}$, $\beta=\dfrac{\zeta^2+\zeta^3}{2}$ で互いに180°回転した関係にあります。

それでは，まだ求まっていない解 $x=\zeta, \zeta^2, \zeta^3, \zeta^4$ を用いて，1次式に分解したところから始めます。途中で $\zeta+\zeta^2+\zeta^3+\zeta^4=-1$ を用いますが，これは次の②を展開したときの x^3 の係数を

①と比べたものです。

$$x^4 + x^3 + x^2 + x + 1 = 0 \quad \cdots\cdots ①$$
$$(x-\zeta)(x-\zeta^2)(x-\zeta^3)(x-\zeta^4) = 0 \quad \cdots\cdots ②$$

先ほどの「ζ と ζ^4」,「ζ^2 と ζ^3」に着目して束ねます。

$$(x-\zeta)(x-\zeta^4)(x-\zeta^2)(x-\zeta^3) = 0$$
$$\{x^2 - (\zeta+\zeta^4)x + \zeta\zeta^4\}\{x^2 - (\zeta^2+\zeta^3)x + \zeta^2\zeta^3\} = 0$$
$$(x^2 - 2\alpha x + 1)(x^2 - 2\beta x + 1) = 0$$

ここで $\zeta+\zeta^4 = 2\alpha$, $\zeta^2+\zeta^3 = 2\beta$ は, $\alpha = \dfrac{\zeta+\zeta^4}{2}$, $\beta = \dfrac{\zeta^2+\zeta^3}{2}$ から出てきたものです。さらに, $\zeta\zeta^4 = 1$, $\zeta^2\zeta^3 = 1$ は $\zeta^5 = 1$ そのものです。ζ は $x^5 = 1$ の解なので, $\zeta^5 = 1$ なのです。

α や β を添加して係数として用いてよいのなら, ζ と ζ^4 を解とする2次方程式と, ζ^2 と ζ^3 を解とする2次方程式の積に分解できたということです。

$$(x^2 - 2\alpha x + 1)(x^2 - 2\beta x + 1) = 0$$

いよいよ, これから補助方程式を作ります。ただし α, β ではなく, この 2α, 2β を解とする2次方程式を作ることにします。さて, 2α, 2β はどんな方程式の解となっているのでしょうか。

$\zeta\zeta^4 = 1$ より, $x = \zeta$ なら $\zeta^4 = \dfrac{1}{x}$ です。すると $\zeta + \zeta^4 = 2\alpha$ は $x + \dfrac{1}{x} = 2\alpha$ となります。同様に, $x + \dfrac{1}{x} = 2\beta$ です。

この $x + \dfrac{1}{x}$ なら, 先ほどの「両辺を x^2 で割る」という方法で出てきます。(結局は同じ方法だということです。)

4 バラバラになると大きくなる「体」

$$(x^2 + 1 - 2\alpha x)(x^2 + 1 - 2\beta x) = 0$$

$$\left(x + \frac{1}{x} - 2\alpha\right)\left(x + \frac{1}{x} - 2\beta\right) = 0 \quad (\text{両辺を } x^2 \text{ で割る})$$

$x + \frac{1}{x} = t$ とおくと, 次のようになります。

$$(t - 2\alpha)(t - 2\beta) = 0$$
$$t^2 - (2\alpha + 2\beta)t + 4\alpha\beta = 0$$

ここで, $2\alpha + 2\beta$, $4\alpha\beta$ を求めます。($\zeta^5 = 1$)

$$2\alpha + 2\beta = (\zeta + \zeta^4) + (\zeta^2 + \zeta^3) = -1$$
$$4\alpha\beta = (2\alpha)(2\beta) = (\zeta + \zeta^4)(\zeta^2 + \zeta^3)$$
$$= \zeta^3 + \zeta^4 + \zeta^6 + \zeta^7$$
$$= \zeta^3 + \zeta^4 + \zeta + \zeta^2$$
$$= -1$$

以上から, $t = 2\alpha$, 2β は次の方程式の解となります。

$$t^2 - (2\alpha + 2\beta)t + 4\alpha\beta = 0$$

$$t^2 + t - 1 = 0 \quad \left[\text{解 } t = \frac{-1 \pm \sqrt{5}}{2}\right]$$

先ほど分解した方程式は, 次のようになっています。

$$(x^2 - 2\alpha x + 1)(x^2 - 2\beta x + 1) = 0$$

$$\left(x^2 - \frac{-1 + \sqrt{5}}{2}x + 1\right)\left(x^2 - \frac{-1 - \sqrt{5}}{2}x + 1\right) = 0$$

この続きは先ほどと同じです。ここで, $(\zeta + \zeta^4) - (\zeta^2 + \zeta^3) =$

1章 方程式を根号で解くとは？

$2\alpha - 2\beta = \dfrac{-1+\sqrt{5}}{2} - \dfrac{-1-\sqrt{5}}{2} = \sqrt{5}$ となっています。

● 単純拡大体

今回は $x^4+x^3+x^2+x+1=0$ が特別な4次方程式であるために，$(x-\zeta)(x-\zeta^2)(x-\zeta^3)(x-\zeta^4)=0$ から始めて話がうまく進んでいきました。すべての解が，たった1つの解ζで表されているのです。

このような，まだ求まってもいない解を用いた議論は，ラグランジュが始まりとされています。（後で見てみるように）ガウスもこれを踏襲しています。

ラグランジュは5次方程式を変形して解くのではなく，何か別の方法がないかと探っていたのです。そこで，まずはこれまでに知られていた「解の公式」を見直すことにしたのです。

ラグランジュがさまざまな3次方程式の解法を研究して出した結論は，どれもまず2次の補助方程式を解く，つまりは2乗根の添加となるということでした。ところが3次方程式のままでは，2乗根を添加しても分解はおきません。3次式が分解されるとなると，「(1次式)×(2次式)」または「(1次式)×(1次式)×(1次式)」ですが，一般の場合にはどちらもありえないのです。3次方程式の解を α, β, γ として，$(x-\alpha)(x-\beta)(x-\gamma)=0$ から始めても，これ以上どうにもならないということです。

そこでラグランジュが取った方策が，びっくり仰天ものです。何ともとの方程式にこだわらず，方程式そのものを取りかえることにしたのです。

このことを「体」でいうならば，3次方程式の解を全部添加し

❹ バラバラになると大きくなる「体」

た体を $Q(\alpha, \beta, \gamma)$ としたとき，$Q(\alpha, \beta, \gamma) = Q(V)$ となるような $Q(V)$ を見ていくことにしたのです。

「方程式」でいうと，たった1つの数 V を添加すれば済むような，そんな V を解としてもつ方程式に取りかえようというのです。（この V の存在から，ガロアの論文は始まります。ポアッソンは，そのガロアの証明は不完全だがラグランジュが証明したから良いと評したそうです。）

ここで V は α, β, γ を用いて表され，逆に α, β, γ は V を用いて表されるはずのものです。ここでラグランジュは，Q の数だけでなく「1の3乗根」ω も用いて V を作ることにしました。つまりあらかじめ ω を添加しておいて，係数と同じように用いたことになります。これらのことは，また後の章で詳しく見ていくことにしましょう。

この方程式の解は，$\sqrt{}$ の中にまた $\sqrt{}$ が入る，って計算しなくても分かるの？

ガロア群を見れば分かるさ。解の置換が2組に分かれて回っていたら，2乗根の添加だよ。この方程式のガロア群は，4人が2組に分かれて回っていて，各組の中の2人が1人ずつに分かれて回っているのさ。

1章 方程式を根号で解くとは？

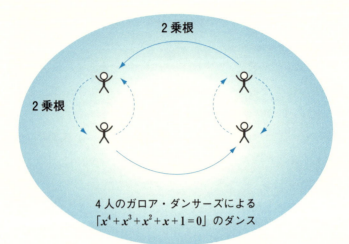

4人のガロア・ダンサーズによる
「$x^4+x^3+x^2+x+1=0$」のダンス

コラム I

2次方程式の解「黄金数」

2次方程式 $x^2-x-1=0$ を知っていますか。とっても有名といいたいところですが，じつは有名なのは解の方です。

$$x^2-x-1=0 \quad \cdots\cdots ①$$
$$x=\frac{1\pm\sqrt{5}}{2}$$

この正の解 $\frac{1+\sqrt{5}}{2}$ を「黄金数」，$1:\frac{1+\sqrt{5}}{2}$ という比を「黄金比」，線分を黄金比に分割することを「黄金分割」といいます。

これらは図形の相似からきています。長方形や二等辺三角形でいうならば，下図のように，切り取った残りが元と相似になるような図形です。

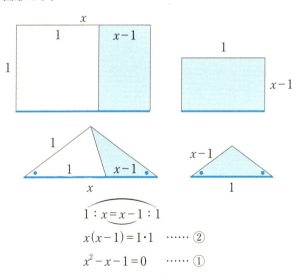

$$1:x=x-1:1$$
$$x(x-1)=1\cdot 1 \quad \cdots\cdots ②$$
$$x^2-x-1=0 \quad \cdots\cdots ①$$

column

　これらの図形からは，切り取った残りからも，どんどん相似な図形が出来てきます。ちなみに②から $x-1=\dfrac{1}{x}$ となり，残りは元の $\dfrac{1}{x}$ です。

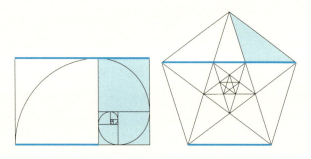

　さて，$x-1=\dfrac{1}{x}$ から $x=1+\dfrac{1}{x}$ となります。この x に $1+\dfrac{1}{x}$ を入れていくと，式の方も無限に続いていきますね。

$$x = 1 + \dfrac{1}{\boxed{x}} \leftarrow 1 + \dfrac{1}{\boxed{x}} \leftarrow 1 + \dfrac{1}{\boxed{x}} \cdots\cdots$$

$$x = 1 + \cfrac{1}{1+\cfrac{1}{1+\cfrac{1}{1+\cdots}}}$$

2章
方程式を解いてみよう

「論より証拠」といいますね。2次方程式の解がなぜ根号で表されるのかを「論」じる前に、まずは解の公式という「証拠」を分析してみましょう。3次方程式や4次方程式でも、「証拠」となる解の公式を導きます。ウォーミングアップをかねて、先に「コラム❷, ❸, ❹, ❺」を読むのもお勧めです。

5 因数分解による3次方程式の「解の公式」

　定理や公式に名前が冠してあると，誰だってその発見者だと思いますよね。でもピタゴラスの定理にせよ，パスカルの三角形にせよ，そうでないことも多々あるのです。富は持てる者に集まるといいますが，名誉も同じなのでしょうか。

　3次方程式の「解の公式」は，これらとは少々事情が異なります。現在「カルダノの公式」として世に知られているものは，カルダノが発見者タルタリアから（うまい話をにおわせて）口外しないという約束で聞き出したものだったのです。これを口外するどころか『アルス・マグナ（偉大なる術）』という本に載せて公開したのですから，タルタリアの怒りはいかばかりだったでしょうか。ちなみにタルタリア（どもり）というのは「あだ名」で，本名はフォンタナといいます。

　カルダノはタルタリアから「解の公式」だけを聞き出し，導き方は自力で考えたという説もあります。$x=y+z$ とおく方法を「カルダノの方法」と称することもあるようですが，これに感嘆するのはいかがなものでしょうか。解の1つが $\sqrt[3]{}+\sqrt[3]{}$ の形と知ってしまえば，誰だって $x=y+z$ と置こうとなってきます。カルダノの貢献は，むしろタルタリアの発見を埋没から防いだことにあるのかもしれません。

　じつは天啓を得たのは，タルタリア1人だけではありませんでした。タルタリアよりも先に，デル・フェロという人物が3次方

❺ 因数分解による 3 次方程式の「解の公式」

程式の解の公式を（一部？）発見していたのです。デル・フェロはその解法を公表せず，弟子に託して亡くなっていました。

カルダノはこのデル・フェロがタルタリアに先んじていたことを聞きつけ，タルタリアとの約束は無効と（勝手に）判断して公開にふみきったともいわれています。

それでは 3 次方程式の「解の公式」を見ていくことにしましょう。もっとも公式の確認だけして，あとは読み飛ばしてもさしつかえありません。ガロアがインスピレーションを受けたとされるラグランジュの方法は，また後の節で見ていくことにします。

● もとの方程式の形

まず，あらかじめ 3 次方程式を少々変形しておきます。これは 2 次方程式でいうと，以下のような変形にあたります。

$$ax^2 + bx + c = 0$$

まず両辺を a で割り，改めて x の係数を b，定数項を c とおきます。

$$x^2 + bx + c = 0$$

さらにこれを変形します。平方完成をするのですが，ここでの目的は「x の項」をなくすことです。

$$\left(x + \frac{b}{2}\right)^2 - \frac{b^2}{4} + c = 0$$

ここで，改めて $x + \frac{b}{2}$ を x，$-\frac{b^2}{4} + c$ を b とおきます。

〔2 次方程式〕 $x^2 + b = 0$

これで2次方程式の場合は，x^2の係数が1，xの係数が0のものだけを考えればよいことになりました。

3次方程式の場合も，同じように変形（立方完成）して，「x^2の項」をなくします。つまり，x^3の係数が1，x^2の係数が0のものだけを考えるのです。

4次方程式の場合は，x^4の係数が1，x^3の係数が0のものだけを考えます。（係数はいずれも実数とします。）

〔3次方程式〕 $x^3 + bx + c = 0$
〔4次方程式〕 $x^4 + bx^2 + cx + d = 0$

● 3次方程式の解法(1)

タルタリアが3次方程式 $x^3 + bx + c = 0$ をどう解いたのかは定かではありません。図形で考えていったという説もあるようです。（コラム❷❸参照）

ここでは，（解の形を知った上で）$x = y - \dfrac{b}{3y}$ と置きます。これを $x^3 + bx + c = 0$ に代入すると $y^3 - \dfrac{b^3}{27y^3} + c = 0$ となります。両辺に $27y^3$ をかければ，$27(y^3)^2 + 27c(y^3) - b^3 = 0$ です。ここで $t = y^3$ とおき，2次方程式 $27t^2 + 27ct - b^3 = 0$ から t を求め，さらに3次の二項方程式 $y^3 = t$ から y を求め，$x = y - \dfrac{b}{3y}$ に代入すると x が求まります。

ところで，$27t^2 + 27ct - b^3 = 0$ から求まる解 t は2個あります。このため $y^3 = t$ から y を求めると，2個の3倍で6個になるので

は，と心配かもしれませんね。でも，$x = y - \dfrac{b}{3y}$ の x が同じになる y は2個あるのです。6個の y を $x = y - \dfrac{b}{3y}$ に代入すると，2個ずつ同じになって，x は3個求まることになるのです。

● 3次方程式の解法(2)

$\sqrt[3]{} + \sqrt[3]{}$ の形の解を見たカルダノは，$x = y + z$ と置きました。解を知っているのですから，z が y で表されるのは承知の上です。z は後から都合良く決めるつもりなのです。これを $x^3 + bx + c = 0$ に代入すると，次のようになります。

$$(y+z)^3 + b(y+z) + c = 0$$
$$y^3 + z^3 + 3yz\underline{(y+z)} + b\underline{(y+z)} + c = 0$$
$$y^3 + z^3 + c + \underline{(y+z)}(3yz + b) = 0$$

ここで $x = y + z$ の z を決めます。$3yz + b = 0$ つまり $z = -\dfrac{b}{3y}$ とすれば，$y^3 + z^3 + c = 0$ つまり $y^3 + z^3 = -c$ となります。

$x = y + z$ において $z = -\dfrac{b}{3y}$ とするのですから，これは先ほど $x = y - \dfrac{b}{3y}$ と置いたのと同じです。ちなみに $z = -\dfrac{b}{3y}$ より（$3yz + b = 0$ より）$yz = -\dfrac{b}{3}$ です。これより $y^3 z^3 = -\dfrac{b^3}{27}$ です。

これで $y^3 + z^3 = -c$，$y^3 z^3 = -\dfrac{b^3}{27}$ が出ました。これから，y^3 と z^3 を解とする2次方程式は $t^2 + ct - \dfrac{b^3}{27} = 0$ と求まります。（※後述）ちなみに，これは先ほどの $27t^2 + 27ct - b^3 = 0$ の両辺を27で割ったものです。この解を B，C として，後は二項方程式 $y^3 = B$，$z^3 = C$ から y と z を求めればよいのです。もとの方程式の解は，

これらの和 $x=y+z$ です。ここで忘れてならないのは, $yz=-\dfrac{b}{3}$ となるように y と z を選ぶ必要があることです。z は y から決まってくることから, 求まる x は3個となります。もし $y=\sqrt[3]{B}$, $z=\sqrt[3]{C}$ として $x=\sqrt[3]{B}+\sqrt[3]{C}$ と表したいなら, 根号 $\sqrt[3]{}$ に対する前提が問題となってきます。$\sqrt[3]{}$ の意味を確認する必要があるということです。

● 3次方程式の解法(3)

最後に, 因数分解による方法を紹介します。(※付録参照) おおまかな流れは3次方程式を $x^3-3px+q=0$ とおき, 2次方程式 $t^2-qt+p^3=0$ (解 $t=B,\ C$) と二項方程式 $y^3=B,\ z^3=C$ に帰着させるというものです。

$$\boxed{x^3-3px+q=0}$$

$$\boxed{t^2-qt+p^3=0 \ [\text{解 } t=B,\ C] \ (\textbf{補助方程式})}$$

$$\boxed{\begin{aligned} y^3&=B \quad (\textbf{二項方程式}) \\ z^3&=C \quad (\textbf{二項方程式}) \end{aligned}}$$

この因数分解による方法で, 要になるのは次の等式です。

$$a^3+b^3+c^3-3abc=(a+b+c)(a+\omega b+\omega^2 c)(a+\omega^2 b+\omega c)$$

ここで「$1,\ \omega,\ \omega^2$」は「1の3乗根」, つまり $x^3=1$ の解です。このとき $\omega^2+\omega+1=0$, $\omega^3=1$ となっています。

この等式は, 右辺を展開すれば確かめられます。またその右辺

❺ 因数分解による3次方程式の「解の公式」

も，解を知っていれば納得といった形をしているのです。

それでは始めましょう。

> $a^3 + b^3 + c^3 - 3abc = (a+b+c)(a+\omega b + \omega^2 c)(a + \omega^2 b + \omega c)$
>
> a を x に変えると
>
> $x^3 - 3bcx + b^3 + c^3 = (x+b+c)(x + \omega b + \omega^2 c)(x + \omega^2 b + \omega c)$
>
> 左辺を3次式 $x^3 - 3px + q$ と比較すれば，
>
> $$p = bc \quad , \quad q = b^3 + c^3$$
>
> したがって，2次方程式
>
> $$\boxed{t^2 - qt + p^3 = 0} \quad \cdots\cdots \text{（補助方程式）}$$
>
> の解として b^3，c^3 が求められ，3次式が因数分解される。

この中に出てくる補助方程式は，単に $(t-b^3)(t-c^3) = 0$ を展開したものです。

$$(t-b^3)(t-c^3) = 0$$
$$t^2 - (b^3 + c^3)t + b^3 c^3 = 0$$
$$t^2 - qt + p^3 = 0$$

一般には $(x-\alpha)(x-\beta) = 0$ を展開します。

α, β を解とする2次方程式

2数 α, β を解とする2次方程式の1つは

$$\alpha + \beta = b$$
$$\alpha\beta = c$$

とすると，$x^2 - bx + c = 0$

わざわざ「1つ」と断っているのは，$x^2 - bx + c = 0$ の両辺を何倍かした方程式でもかまわないからです。

2章　方程式を解いてみよう

さて補助方程式 $t^2 - qt + p^3 = 0$ の解が，$t = B, C$ と求まったとします。

$y^3 = B$ の解は，そのうちの1つを $b(=\sqrt[3]{B})$, とすると，その b に 1, ω, ω^2 をかけた $y = b, \omega b, \omega^2 b$ です。

$z^3 = C$ の3つの解も，そのうちの1つを $c(=\sqrt[3]{C})$ とすると，残りの2つは $\omega c, \omega^2 c$ です。

$$y^3 = B$$
$$y = b,\ \omega b,\ \omega^2 b$$
$$[\ b = \sqrt[3]{B}\ ]$$

$$z^3 = C$$
$$z = c,\ \omega c,\ \omega^2 c$$
$$[\ c = \sqrt[3]{C}\ ]$$

こうなると，$y^3 = B$ の3つの解「$b, \omega b, \omega^2 b$」と $z^3 = C$ の3つの解「$c, \omega c, \omega^2 c$」とで，合計 $3 \times 3 = 9$ 通りの組み合わせができると思われるかもしれませんね。

でも，$y^3 = B$ の解と $z^3 = C$ の解は，かけると $p (bc = p)$ という関係にしばられているのです。b を1つ決めると，c は $bc = p$ から必然的に決まってくるのです。この b を ωb に置きかえたときは，b から決まった先ほどの c を ωc にすることはできないのです。$(\omega b)(\omega c) = \omega^2 p$ となってしまうからです。

このため，b を ωb, $\omega^2 b$ に置きかえたときは，$bc = p$ より，c は $\omega^2 c$, ωc に置きかわることになります。つまり，次の3通りしかないのです。

❺ 因数分解による3次方程式の「解の公式」

$$bc = p, \quad (\omega b)(\omega^2 c) = p, \quad (\omega^2 b)(\omega c) = p$$

この3通りは，等式の右辺にも和の形で現れています。

$$b + c, \quad (\omega b) + (\omega^2 c), \quad (\omega^2 b) + (\omega c)$$
$$\Downarrow$$
$$(a + b + c)(a + \omega b + \omega^2 c)(a + \omega^2 b + \omega c)$$

つまり，3次方程式の3つの解となってくるのです。

$$x = -b - c, \quad -\omega b - \omega^2 c, \quad -\omega^2 b - \omega c$$

これらの解は，$x^3 = B$ の解の1つの b を，b, ωb, $\omega^2 b$ のどれにしても同一となります。結局のところ，3次方程式の「解の公式」は次のようになります。

3次方程式の「解の公式」

$$x^3 - 3px + q = 0 \quad \text{(3次方程式)}$$
$$t^2 - qt + p^3 = 0 \; [\text{解 } t = B, \; C] \quad \text{(補助方程式)}$$
$y^3 = B$ の解の1つを $\sqrt[3]{B}$
$z^3 = C$ の ($\sqrt[3]{B}$ で決まる) 解を $\sqrt[3]{C} \left(= \dfrac{p}{\sqrt[3]{B}} \right)$

$$\Downarrow$$

$$x = -\sqrt[3]{B} - \sqrt[3]{C}, \quad -\omega\sqrt[3]{B} - \omega^2\sqrt[3]{C}, \quad -\omega^2\sqrt[3]{B} - \omega\sqrt[3]{C}$$

ここで $\sqrt[3]{B}$ で決まる $\sqrt[3]{C}$ の（3つの中からの）選び方ですが，$\sqrt[3]{B}\sqrt[3]{C} = p$ の偏角に着目します。$\sqrt[3]{B}$, $\sqrt[3]{C}$ の偏角の「和」が，実数 p の偏角と等しくなるように選ぶのです。つまり $\sqrt[3]{B}$, $\sqrt[3]{C}$ の偏角の「和」を，p が正なら何回転かと $0°$，p が負なら何回転かと $180°$，となるように選ぶことになります。

蛇足ですが，根号 $\sqrt[3]{}$ で表される数は，「実数」や「偏角最小の複素数」というわけではありません。また仮にそのように定義した場合は，一般に $\sqrt[3]{B}\sqrt[3]{C} = \sqrt[3]{BC}$（$B$, C は複素数）は成り立ちません。解の公式の $\sqrt[3]{C} \left(= \dfrac{p}{\sqrt[3]{B}}\right)$ の計算にも注意が必要となってくるのです。その定義の下では，たとえば $B = \omega$, $C = \omega^2$ としたとき，$\sqrt[3]{\omega}\sqrt[3]{\omega^2} \neq \sqrt[3]{\omega \cdot \omega^2}$ となっています。$\sqrt[3]{B} = \sqrt[3]{\omega}$ も $\sqrt[3]{C} = \sqrt[3]{\omega^2}$ も絶対値は1ですが，偏角はそれぞれ $120° \div 3 = 40°$，$240° \div 3 = 80°$ です。このため，$\sqrt[3]{B}\sqrt[3]{C}$ は絶対値1で偏角 $40° + 80° = 120°$ となり，$\sqrt[3]{B}\sqrt[3]{C} = \sqrt[3]{\omega}\sqrt[3]{\omega^2} = \omega$ となります。これに対して，$\sqrt[3]{BC} = \sqrt[3]{\omega \cdot \omega^2} = \sqrt[3]{1} = 1$（偏角 $0°$）となっているのです。

3次方程式の「解の公式」だけど，「$\sqrt[3]{}$ の中に $\sqrt{}$」じゃなくて，「$\sqrt{}$ の中に $\sqrt[3]{}$」とはできないの？

3次方程式のガロア群だけど，最初に3組に分けると，回るどころか団体行動（組と組の演算）もできないんだよ。だから，逆にはできないのさ。

❺ 因数分解による3次方程式の「解の公式」

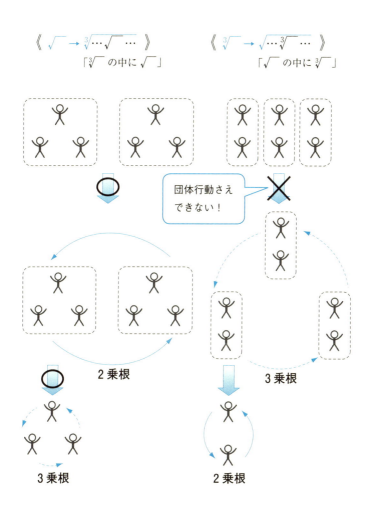

6人のガロア・ダンサーズの組分け

6 因数分解による4次方程式の「解の公式」

　カルダノの功績は、3次方程式の解法を世に広めただけではありませんでした。何と弟子のフェラリが、これを契機として4次方程式の「解の公式」を発見したのです。もちろんカルダノは、著書『アルス・マグナ（偉大なる術）』に、この4次方程式の解法もしっかり載せて公開しました。

　さて2次方程式の解法が発見されたのが紀元前3000年頃で、3次方程式が16世紀となると、この間に何と数千年近くの年月が経っていることになります。一方カルダノが3次方程式の解法を聞き出してから、フェラリが4次方程式を解くまでとなると、ほんのわずかです。こうなると、5次方程式が解けるのも時間の問題だ、と思っても不思議ではありません。まさか5次以上の方程式には、そもそも「解の公式」が存在しないとは、当時は誰も考えてもみなかったのです。

　ここでは4次方程式の「解の公式」を見ていくことにしましょう。どんな公式か確認だけして、他は読み飛ばしてもさしつかえありません。

● 4次方程式の解の公式

　あらかじめ変形しておいて、x^4 の係数が1、x^3 の係数が0のものだけを考えることにします。

6 因数分解による 4 次方程式の「解の公式」

〔4次方程式〕 $x^4 + bx^2 + cx + d = 0$

4次方程式の場合も，因数分解による方法を紹介します。（※付録参照）おおまかな流れは，4次方程式を $x^4 - 2px^2 + 8qx + r = 0$ とおき，3次方程式 $t^3 - pt^2 + \frac{1}{4}(p^2 - r)t - q^2 = 0$ （解 $t = B$, C, D）と二項方程式 $x^2 = B$, $x^2 = C$, $x^2 = D$ に帰着させるというものです。

$$x^4 - 2px^2 + 8qx + r = 0$$

$$t^3 - pt^2 + \frac{1}{4}(p^2 - r)t - q^2 = 0 \;\text{〔解 } t = B,\; C,\; D\text{〕（補助方程式）}$$

$$x^2 = B \quad \text{（二項方程式）}$$
$$x^2 = C \quad \text{（二項方程式）}$$
$$x^2 = D \quad \text{（二項方程式）}$$

4次方程式では，次の等式が要となってきます。

$$\begin{aligned}&a^4 + b^4 + c^4 + d^4 - 2(a^2b^2 + a^2c^2 + a^2d^2 + b^2c^2 + b^2d^2 + c^2d^2) + 8abcd \\ &= (a+b+c+d)(a-b-c+d)(a-b+c-d)(a+b-c-d)\end{aligned}$$

この等式は，右辺（下の式）を展開すれば確かめられます。またその右辺（下の式）も，解を知っていれば納得といった形をしているのです。

それでは始めましょう。

> $a^4+b^4+c^4+d^4-2(a^2b^2+a^2c^2+a^2d^2+b^2c^2+b^2d^2+c^2d^2)+8abcd$
> $=(a+b+c+d)(a-b-c+d)(a-b+c-d)(a+b-c-d)$
>
> a を x に変えると,
>
> $x^4-2(b^2+c^2+d^2)x^2+8bcdx+(b^2+c^2+d^2)^2-4(b^2c^2+b^2d^2+c^2d^2)$
> $=(x+b+c+d)(x-b-c+d)(x-b+c-d)(x+b-c-d)$
>
> 左辺を 4 次式 $x^4-2px^2+8qx+r$ と比較すれば,
>
> $p=b^2+c^2+d^2,\ q=bcd,\ \dfrac{1}{4}(p^2-r)=b^2c^2+b^2d^2+c^2d^2$
>
> したがって,3 次方程式
>
> $$t^3-pt^2+\frac{1}{4}(p^2-r)t-q^2=0$$
>
> の解として b^2, c^2, d^2 が求められ,4 次式が因数分解される。

ここで,左辺と比較した 3 つ目の式を求めてみましょう。

$$(b^2+c^2+d^2)^2-4(b^2c^2+b^2d^2+c^2d^2)=r$$
$$p^2-4(b^2c^2+b^2d^2+c^2d^2)=r$$
$$p^2-r=4(b^2c^2+b^2d^2+c^2d^2)$$
$$\frac{1}{4}(p^2-r)=b^2c^2+b^2d^2+c^2d^2$$

また「したがって」に続く 3 次方程式は,$\alpha=b^2$, $\beta=c^2$, $\gamma=d^2$ として,次から出てきたものです。

α, β, γ を解とする 3 次方程式

> 3 数 α, β, γ を解とする 3 次方程式の 1 つは
> $$t^3-(\alpha+\beta+\gamma)t^2+(\alpha\beta+\beta\gamma+\gamma\alpha)t-\alpha\beta\gamma=0$$

6 因数分解による4次方程式の「解の公式」

さて，$x^2 = B$ の2つの解は，1つを $b (= \sqrt{B})$ とすると，もう1つは $-b$ です。$x^2 = C$ や $x^2 = D$ に関しても同様です。

$x^2 = B$
$x = b, \ -b$
$\left[b = \sqrt{B} \right]$

$x^2 = C$
$x = c, \ -c$
$\left[c = \sqrt{C} \right]$

$x^2 = D$
$x = d, \ -d$
$\left[d = \sqrt{D} \right]$

ここで「b と $-b$」，「c と $-c$」，「d と $-d$」は，(複素平面で) どれも原点で180°回転した関係になっています。

さてこうなると「$b, \ -b$」，「$c, \ -c$」，「$d, \ -d$」で，合計 $2 \times 2 \times 2 = 8$ 通りの組み合わせができる，と思われるかもしれませんね。

でも $x^2 = B$ の解と $x^2 = C$ の解と $x^2 = D$ の解は，かけると q ($bcd = q$) という関係にしばられているのです。「$b, \ c$」の組を1つ決めると，d は $bcd = q$ から決まってくるのです。この「$b, \ c$」を「$-b, \ -c$」に置きかえたときは，先ほど決まってきた d を ($-d$) とすることはできないのです。$(-b)(-c)(-d) = -q$ となってしまうからです。

「$b, \ c$」の組を1つ決めれば，b は $(-b)$ へ，c は $(-c)$ へと自由に置きかえられます。つまり「$b, \ c$」，「$-b, \ -c$」，「$-b, \ c$」「$b, \ -c$」と4通りあります。でも d は，$bcd = q$ から決まってくる d から，それぞれ $d, \ d, \ -d, \ -d$ となるのです。このため，「$b, \ c, \ d$」，「$-b, \ -c, \ d$」，「$-b, \ c, \ -d$」，「$b, \ -c, \ -d$」の4通りの組み合わせしかできないのです。

2章 方程式を解いてみよう

$$bcd = q, \ (-b)(-c)d = q,$$
$$(-b)c(-d) = q, \ b(-c)(-d) = q$$

この4通りは，等式の右辺にも和の形で現れています。

$$b+c+d, \quad (-b)+(-c)+d,$$
$$(-b)+c+(-d), \ b+(-c)+(-d)$$
⬇
$$(a+b+c+d)(a-b-c+d)$$
$$(a-b+c-d)(a+b-c-d)$$

つまり，4次方程式の4つの解となってくるのです。

$$x = -(b+c+d), \ -(-b-c+d),$$
$$-(-b+c-d), \ -(b-c-d)$$
$$x = -b-c-d, \ b+c-d,$$
$$b-c+d, \ -b+c+d$$

これらの解は，「$b, \ c$」の組をどれにしても同一となります。

結局，4次方程式の「解の公式」は次のようになります。

6 因数分解による4次方程式の「解の公式」

> **4次方程式の「解の公式」**
>
> $$x^4 - 2px^2 + 8qx + r = 0 \quad \text{(4次方程式)}$$
> $$t^3 - pt^2 + \frac{1}{4}(p^2 - r)t - q^2 = 0 \quad [\text{解 } t = B,\ C,\ D]\quad \text{(補助方程式)}$$
>
> $$\Downarrow$$
>
> $$x = -\sqrt{B} - \sqrt{C} - \sqrt{D},\ \sqrt{B} + \sqrt{C} - \sqrt{D},$$
> $$\sqrt{B} - \sqrt{C} + \sqrt{D},\ -\sqrt{B} + \sqrt{C} + \sqrt{D}$$
>
> （ここで $\sqrt{D}$ は，$\sqrt{B}\sqrt{C}\sqrt{D} = q$ となるものとする）

ここで，$\sqrt{B}$ と $\sqrt{C}$ は2乗根のどちらか1つに決めます。$\sqrt{D}$ はその決めた $\sqrt{B}$ と $\sqrt{C}$ から，$\sqrt{B}\sqrt{C}\sqrt{D} = q$ となるように決めます。$\sqrt{B}\sqrt{C}\sqrt{D} = q$ を偏角で見ると，$\sqrt{B}$，$\sqrt{C}$，$\sqrt{D}$ の偏角の「和」が，実数 q の偏角と等しいということです。つまり $\sqrt{B}$，$\sqrt{C}$，$\sqrt{D}$ の偏角の和が，q が正なら何回転かと $0°$，q が負なら何回転かと $180°$，となるように決めることになります。

3次方程式は2次方程式を解いたし，4次方程式は3次方程式を解いたわ。5次方程式は4次方程式を解くのかしら？

方程式の話で「1次式」の積となるまで分解していくことは，群の話では最後の「1個」まで回るように組分けしていくことになるのさ。でも5次方程式では，2組に分けた後が続かないんだよ。次に回れる組分けが存在しないのさ。

2章 方程式を解いてみよう

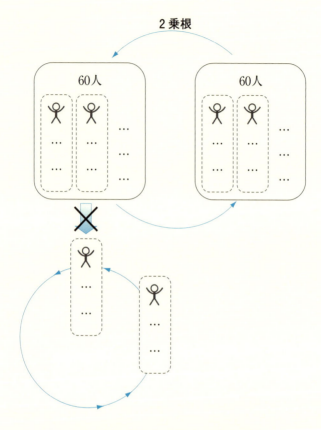

120人のガロア・ダンサーズの組分け

7 ラグランジュの「逆転」発想

　16世紀に3次方程式や4次方程式の「解の公式」が発見されたものの、ようやく次の転機が訪れたのは18世紀も後半になってからのことです。ラグランジュが発想をガラリと転換させて、方程式の解法を見直すことにしたのです。与えられた「方程式から解」ではなく、逆に「解から方程式」つまり途中で用いる補助方程式を作り出そうと考えたのです。ガロアはこのラグランジュの成果を基に、研究をスタートさせたといわれています。

　ラグランジュのこの「逆転」発想を、まずは2次方程式を例にとって見ていくことにしましょう。もっとも2次方程式の場合は、より低次の補助方程式ではなく、同じく2次の二項方程式 $x^2=a$ を作ることになります。

● ラグランジュの発想

　2次方程式 $ax^2+bx+c=0$ $(a \neq 0)$ ですが、あらかじめ両辺を a で割っておき、改めて x の係数を b、定数項を c とします。つまり x^2 の係数は1とするのです。

〔2次方程式〕　$x^2+bx+c=0$

　❸では、この2次方程式を正方形に変形しました。平方完成をして二項方程式 $x^2=a$ に帰着させたのです。このとき「根号」が登場し、その解 $\sqrt{a}$, $-\sqrt{a}$ を用いて、もとの2次方程式の解を

表したものが「解の公式」です。

〔2次方程式〕 $x^2+bx+c=0$　　解 $x=\alpha, \beta$

　　　　↓　　　　　　　　　　　　↑

〔二項方程式〕　　$x^2=a$　⇒　解 $x=\sqrt{a}, -\sqrt{a}$

ラグランジュの発想は，これを逆から見ていこうというものです。$x^2+bx+c=0$ のまだ何か分かっていない解を α, β として，この α, β を用いて「根号で表される数」つまり2乗根 $\pm\sqrt{a}$ を作ろうと考えたのです。

〔2次方程式〕 $x^2+bx+c=0$　　解 $x=\alpha, \beta$

　　　　↓

〔二項方程式〕　　$x^2=a$　⇐　解を α, β で！

ここからは舞台裏です。ラグランジュにしたところで，具体的な式までインスピレーションに頼ったはずはありません。

もちろん本番では，$x^2+bx+c=0$ の解 α, β はまだ何か分かっていないことにします。でも，みんな知っているのです。それが「解の公式」です。ですから，これからやることは，そのまま5次方程式で通用するわけではありません。でも，何らかの手がかりになるかもしれないのです。

$x^2+bx+c=0$ の解は $x=\dfrac{-b\pm\sqrt{a}}{2}$ $(a=b^2-4c)$ です。そこで，

❼ ラグランジュの「逆転」発想

$\alpha = \dfrac{-b+\sqrt{a}}{2}$, $\beta = \dfrac{-b-\sqrt{a}}{2}$ とすると，次のようになります。

$$
\begin{array}{r}
-b+\sqrt{a} = 2\alpha \\
-\underline{)\,-b-\sqrt{a} = 2\beta} \\
2\sqrt{a} = 2(\alpha-\beta) \\
\sqrt{a} = \alpha-\beta
\end{array}
$$

もちろん，α と β はどちらがどうというものではありません。α と β を置きかえた $\sqrt{a} = \beta - \alpha = -(\alpha - \beta)$ でもよいのです。そもそも $\sqrt{a}$ と $-\sqrt{a}$ にしたところで，これまたどちらがどうというものでもないのです。

さて $\alpha - \beta$ は，2乗根「$\sqrt{a}$, $-\sqrt{a}$」のどちらか一方です。このとき，もう片方は何でしょうか。2乗根の場合，それは (-1) 倍した $-(\alpha-\beta)$ です。つまりは，先ほどの $\alpha-\beta$ で α と β を置きかえた $\beta - \alpha$ です。$-(\alpha - \beta) = \beta - \alpha$ なのです。

$\alpha - \beta$ は目的とする「2乗根」の一方で，もう片方は α と β を置きかえた $\beta - \alpha = -(\alpha - \beta)$ です。この双子の産みの親である方程式が $\{x-(\alpha-\beta)\}\{x+(\alpha-\beta)\} = 0$，つまり二項方程式 $x^2 = (\alpha-\beta)^2$ なのです。

> 〔2次方程式〕 $x^2 - (\alpha+\beta)x + \alpha\beta = 0$ 〔解 $x = \alpha,\ \beta$〕
> 〔二項方程式〕 $x^2 = (\alpha-\beta)^2$ 〔解 $x = (\alpha-\beta),\ -(\alpha-\beta)$〕

この $\alpha - \beta = 1 \cdot \alpha + (-1)\beta$ は，2次方程式の2個の解 α, β から作られた「ラグランジュの分解式」とよばれるものです。ここで

2章　方程式を解いてみよう

「1と−1」は「1の2乗根」です。後の章では，3次方程式の3個の解 α, β, γ から作られるラグランジュの分解式を見てみます。

● 解の公式

それでは，これまでの舞台裏はいったん全部忘れたことにしましょう。いよいよ本番スタートです。

$x^2+bx+c=0$ の（まだ何か分かっていない）解を α, β とします。次にこの α, β を用いて，（「2乗根」となる予定の）$\alpha-\beta$ という数を作ります。α と β を置きかえると $\beta-\alpha=-(\alpha-\beta)$ です。

もとの方程式 $x^2+bx+c=0$ から始めて $(x-\alpha)(x-\beta)=0$ としてみたところで，これ以上どうにもなりません。ところが方程式を取りかえることにして，$x=(\alpha-\beta), -(\alpha-\beta)$ を解とする方程式から始めると（舞台裏でのリハーサル通り）事態が変わってくるのです。

$$\{x-(\alpha-\beta)\}\{x+(\alpha-\beta)\}=0$$
$$x^2-(\alpha-\beta)^2=0$$
$$x^2=(\alpha-\beta)^2$$

うまい具合に二項方程式 $x^2=(\alpha-\beta)^2$ が出てきました。いよいよ根号の出番でしょうか。問題は $(\alpha-\beta)^2=a$ とおいたとき，a がもとの方程式の係数から求まるかどうかです。

もし $(\alpha-\beta)^2$ ではなく $\alpha-\beta$ や $\beta-\alpha=-(\alpha-\beta)$ だとしたら，「α と β の置きかえ」で変わってしまいます。互いに入れかわってし

まうのです。でもこれらを2乗した$(α-β)^2$は変わりません。つまり，$(α-β)^2$は「$α$と$β$の置きかえ」で不変な「対称式」です。

じつは，このことは確認するまでもないことなのです。そもそも$-a$は，取りかえた方の$x^2-(α-β)^2=0$の係数です。つまり$\{x-(α-β)\}\{x-(β-α)\}=0$の係数です。この係数は「$α$と$β$の置きかえ」で，2つの解「$α-β$，$β-α$」が互いに入れかわるだけなので不変となるのです。

● (続) 解の公式

ようやく二項方程式$x^2=(α-β)^2$までたどり着きました。$(α-β)^2=a$とおくと$x^2=a$となり，しかもこのaはもとの方程式の係数から求まるのです。(※ $a=b^2-4c$ は後述) 解は$x=\sqrt{a}$，$-\sqrt{a}$となり，(舞台裏での工作通り) 根号を用いて表されました。

でもここまでで求まったのは，取りかえた方の方程式の解です。問題は，もとの2次方程式の解が根号を用いて表されるかどうかです。それでは$α-β=\sqrt{a}$として，もとの方程式$x^2+bx+c=0$の解$x=α$，$β$を求めていきましょう。ちなみに$α+β=-b$は「解と係数の関係」です。

$$
\begin{array}{r}
α+β=-b \\
+\,)\ α-β=\sqrt{a} \\ \hline
2α\ \ \ \ =-b+\sqrt{a} \\
α\ \ \ \ =\dfrac{-b+\sqrt{a}}{2}
\end{array}
$$

$β$の方は，求まった$α$の$\sqrt{a}$を$-\sqrt{a}$にすればよいだけです。

2章　方程式を解いてみよう

α と β を置きかえると，$\beta - \alpha = -\sqrt{a}$ というように $\sqrt{a}$ は $-\sqrt{a}$ となりますが，$\beta + \alpha = -b$ は変わらないからです。

$$\alpha = \frac{-b + \sqrt{a}}{2} \quad \rightarrow \quad \beta = \frac{-b - \sqrt{a}}{2}$$

このことは，前ページの連立方程式を1行にまとめて，$\alpha = \frac{(\alpha+\beta)+(\alpha-\beta)}{2}$ と表しておいた方がはっきりします。この式で α と β を置きかえるのです。

$$\alpha = \frac{(\alpha+\beta)+(\alpha-\beta)}{2} \quad \rightarrow \quad \beta = \frac{(\beta+\alpha)+(\beta-\alpha)}{2}$$
$$= \frac{(\alpha+\beta)-(\alpha-\beta)}{2}$$
$$= \frac{-b-\sqrt{a}}{2}$$

まとめると，次のようになります。

$$\alpha = \frac{(\alpha+\beta)+(\alpha-\beta)}{2}, \quad \beta = \frac{(\alpha+\beta)-(\alpha-\beta)}{2}$$
$$(\alpha+\beta = -b, \quad \alpha-\beta = \sqrt{b^2-4c})$$

上記（（　）以外）は，❸でも出てきましたね。この等式だけなら，これまでの議論とは無関係に，いつでも成り立つ恒等式です。そもそも，もとの解 α, β が表せない方程式に取りかえても話になりません。これまで確認してきたことは，この中の $(\alpha-\beta)$ が根号を用いて表されるということです。

さらには，2個の解 α, β を添加しなくても，ラグランジュの

7 ラグランジュの「逆転」発想

分解式 $\alpha-\beta$ を「1個」添加すれば，方程式が分解することも分かりました。

$$x^2+bx+c=0 \implies (x-\alpha)(x-\beta)=0$$
α, β を添加

$$x^2+bx+c=0 \implies (x-\alpha)(x-\beta)=0$$
$\alpha-\beta$ を添加

ガロアは（後にその名を冠してよばれる）ガロア群を構成する際に，その証明の中で次のように述べています。

『与えられた方程式がどんな方程式であっても（上に示したように）根の（有理）関数 V であって，すべての根が V の有理関数として表されるようなものを見出すことができる。』

ここで「根」といっているのは，「解」のことです。また（有理）関数というのは，加減乗除したもののことです。

ちなみに，このときの根の（有理）関数 V も，すべての根を表す V の有理関数も，一般にはその「存在」が証明されるだけです。でも2次方程式でいうならば，具体的に以下のようになってきます。

まず解の（有理）関数 V を，（ラグランジュの分解式の）$V=\alpha-\beta$ とします。また，すべての解 α, β は

$$\alpha=\frac{(\alpha+\beta)+(\alpha-\beta)}{2}, \quad \beta=\frac{(\alpha+\beta)-(\alpha-\beta)}{2}$$

ですが、$\alpha+\beta$ は係数を用いて表され ($\alpha+\beta=-b$)、$\alpha-\beta$ は解から作られた V なので、次のようになります。

$$\alpha = \frac{-b+V}{2}, \quad \beta = \frac{-b-V}{2}$$

こうしてすべての解の α と β は、どちらも V の有理関数(係数と V との加減乗除)で表されました。

留意すべきは、この V が1次方程式の解となっている可能性もあることです。今の場合なら V は $\sqrt{a}$ にあたるもので、根号がはずれることもあるのです。そこでガロアは次のように続けています。

『そこで V を根としてもつ既約方程式を考えよう。』

この後ガロアは、ガロア群の構成について述べていきます。それは(根号がはずれない)2次方程式でいうと、取りかえた方程式の解 $V=\alpha-\beta$、$V'=\beta-\alpha$ の置きかえで、もとの方程式のガロア群を構成していくという具体的なものだったのです。

● (続々)解の公式

ガロアなら、二項方程式 $x^2=(\alpha-\beta)^2$ において、$(\alpha-\beta)^2$ を具体的に求めることに興味がなかったかもしれません。でもラグランジュは、そうはいかなかったことでしょう。逆から見ていくという発想力、方程式を取りかえるという柔軟性、解の置換を導入した進取性、いずれも天才的な能力を発揮したラグランジュですが、

7 ラグランジュの「逆転」発想

(惜しいことに)その目的は5次方程式の「解の公式」を見つけることにあったのです。その存在への先入観は,露ほどの疑念も抱かないほどに強固なものだったようです。

ここからは「解の公式」を完成すべく,後回しにしていた $(\alpha-\beta)^2$ を具体的に求めることにしましょう。

このとき用いるのが,「解と係数の関係」の $\alpha+\beta=-b$, $\alpha\beta=c$ です。係数に出てきた $(\alpha-\beta)^2$ は,α と β の置きかえで不変な「対称式」なので,「基本対称式」$\alpha+\beta$, $\alpha\beta$ を用いて表されるのです。

$$\begin{aligned}(\alpha-\beta)^2 &= \alpha^2 - 2\alpha\beta + \beta^2 \\ &= (\alpha^2 + 2\alpha\beta + \beta^2) - 2\alpha\beta - 2\alpha\beta \\ &= (\alpha+\beta)^2 - 4\alpha\beta \\ &= b^2 - 4c\end{aligned}$$

これで,先ほど求めた $x^2+bx+c=0$ の解 $x=\dfrac{-b\pm\sqrt{a}}{2}$ は,$x=\dfrac{-b\pm\sqrt{b^2-4c}}{2}$ と分かりました。ここでは,もとの2次方程式を $x^2+bx+c=0$ としています。

● 置換

ラグランジュの成果の1つとして,方程式の考察に「解の置換」という新たな対象を取り入れたことがあげられます。

α と β を用いて作った数 $(\alpha-\beta)$ と $-(\alpha-\beta)=\beta-\alpha$ は,(-1) をかけなくても,α と β を置きかえるだけで作られるのです。α と

β のどちらがどちらであっても, $\alpha-\beta$ の α と β を置きかえることで, 他方が作られるのです。

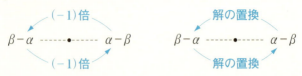

しかもこうして作られた $\alpha-\beta$ と $\beta-\alpha$ を解とする方程式の係数は, もとの方程式の係数から求まるのです。α と β を置きかえても, 解が入れかわるだけだからです。

「α と β の置きかえ」を, α, β の「置換」といい $\begin{pmatrix} \alpha & \beta \\ \beta & \alpha \end{pmatrix}$ と表します。上から下に $\begin{pmatrix} \alpha & \beta \\ \beta & \alpha \end{pmatrix}$ と置きかえることを示しています。したがって $\begin{pmatrix} \alpha & \beta \\ \beta & \alpha \end{pmatrix}$ と $\begin{pmatrix} \beta & \alpha \\ \alpha & \beta \end{pmatrix}$ とは同一の置換です。

2つだけの置きかえの場合は特に「互換」といい, $\begin{pmatrix} \alpha & \beta \\ \beta & \alpha \end{pmatrix}$ を単に $(\alpha\beta)$ と表します。もちろん $(\alpha\beta)=(\beta\alpha)$ です。また $\begin{pmatrix} \alpha & \beta \\ \alpha & \beta \end{pmatrix}$ のように何も置きかえない置換は「恒等置換」とよばれています。ここでは「e」と表すことにします。$\begin{pmatrix} \alpha & \beta \\ \alpha & \beta \end{pmatrix}=e$ です。

ラグランジュは「解の公式」を見直しただけでなく, さらに研究を進めていきました。何とかしてうまい補助方程式を見つけ出し, 「解の公式」を導きたかったのです。「解の置換」も, その補助方程式を見つけ出すための手段と考えていたようです。

この「解の置換」を脇役から主役へと大抜擢したのが, 夭折の天才ガロアです。何と「方程式の話」をこの「解の置換の話」へと, すっかり置きかえてしまったのです。いったんすべての移行

7 ラグランジュの「逆転」発想

が完了すると，後は「解の置換」だけ考察すればよくなります。しかも補助方程式の可能性は無限にあるのに対して，「解の置換」の方は有限です。ガロアは問題を，有限の中へと追いつめることに成功したのです。

ラグランジュは発想を転換し，「解の置換」という新たな手段まで取り入れて問題にせまりました。そこから何もかも見抜いてしまったガロアは，問題をすっかり置きかえるという壮大な構想の下に解決をはかったのです。

> $(\alpha-\beta)^2$ は，高校で習った $\sqrt{}$ の中味の「判別式」D でしょ。
> $ax^2+bx+c=0$ なら $D=b^2-4ac$ だったけど，ここでは
> $x^2+bx+c=0$ としたから $D=b^2-4c$ なのね。

> 「判別式」は2次方程式だと $D=(\alpha-\beta)^2$ だけど，
> 3次方程式だと $D=\{(\alpha-\beta)(\beta-\gamma)(\gamma-\alpha)\}^2$ だよ。
> $x^3+px+q=0$ なら $D=-(4p^3+27q^2)$ だけど，ここでは $x^3-3px+q=0$ として，p.163 で $D=27(4p^3-q^2)$ と求めているよ。

コラム II　3次方程式の図形的解法〔前編〕

2次方程式の解法は，正方形を作るという図形的発想に基づいていました。

じつは3次方程式の解法も，同じく図形的発想から出てきたものです。ただし，その発想は真逆かもしれません。2次方程式は正方形に合成したのに対して，3次方程式は立方体を分解するのです。

一辺が x の立方体があったとしましょう。この一辺を $x = u + v$ と分割します。

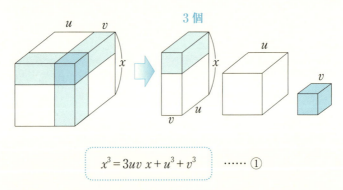

$$x^3 = 3uv\,x + u^3 + v^3 \quad \cdots\cdots ①$$

それでは式①を用いて，次のような3次方程式を解いてみましょう。

$$x^3 = 45x + 152 \quad \cdots\cdots ②$$

式①と式②の係数を比較すると，次のようになります。

$$3uv = 45 \quad \rightarrow \quad uv = 15 \quad \rightarrow \quad u^3v^3 = 3375$$
$$u^3 + v^3 = 152$$

これで u^3 と v^3 を解とする,次の2次方程式を解くことに帰着されました。

$$t^2 - 152t + 3375 = 0 \quad \cdots\cdots ③$$

ここで 152 が偶数であることから,次の簡略化された解の公式を用いることにします。

$$x^2 + 2b'x + c = 0$$
$$x = -b' \pm \sqrt{b'^2 - c}$$

今の場合は,次のようになります。

$$t = 76 \pm \sqrt{76^2 - 3375}$$
$$= 76 \pm \sqrt{2401}$$

2401 は $50^2 = 2500$ に近いですね。じつは $49^2 = 2401$ です。これより $t = 76 \pm 49 = 125, 27$ で,$u^3 = 125$, $v^3 = 27$(逆も可)から $u = 5$, $v = 3$ となり,$x = u + v = 5 + 3 = 8$ と解が1つ見つかりました。

残りの解は,式②の $x^3 - 45x - 152 = 0$ を $(x-8)(\quad) = 0$ として求めます。$(\quad)$ は $(x^3 - 45x - 152) \div (x-8) = x^2 + 8x + 19$ となり,$x^2 + 8x + 19 = 0$ から残りの2つの解は $x = -4 \pm \sqrt{3}\, i$ となります。

8 $x^4+x^3+x^2+x+1=0$ は「回る正方形」

厚紙で正三角形や正方形を切り抜き，マッチ棒を刺してコマを作ったことがありますか。今回はどこにマッチ棒を刺したらうまく回るか，でお終いとはいきません。もとと同じ状態にするには，どれだけ回せばよいかが問題となるのです。

よくこんな話を耳にしますね。「群」が図形ではなく，方程式から発見されたのは不思議なことだ，と。そんなことは不思議でも何でもありません。方程式を根号で解くとは，図形を回すことだからです。ガウスなどは，頭の中で正16角形を回しながら，とある16次方程式を解いたのです。これを見たガロアは，方程式の解法そのものを図形の操作に置きかえてしまったというわけです。

これからガウスの方法を見ていきましょう。正方形を回しながら，とある4次方程式を解いていくのです。正16角形は後の章に回すことにして，まずは正方形でリハーサルです。

● $x^4+x^3+x^2+x+1=0$ の解

方程式 $x^5-1=(x-1)(x^4+x^3+x^2+x+1)=0$ をガウスの方法で解いていきましょう。

この際の方針は，ラグランジュの発想と同じものです。「方程式から解」ではなく，逆に「解から方程式」，つまり途中で用いる補助方程式を作り出していくのです。

$x^4+x^3+x^2+x+1=0$ の解 $x=\zeta,\ \zeta^2,\ \zeta^3,\ \zeta^4$ は，$x^5=1$ の解から

❽ $x^4+x^3+x^2+x+1=0$ は「回る正方形」

1をのぞいたもので，複素平面ではもはや正五角形ではなく台形状に並んでいます。

ガウスのアイディアは，これらの解を正方形に並べかえるというものです。並べるといっても複素平面上ではなく，あくまでも概念上（頭の中）です。

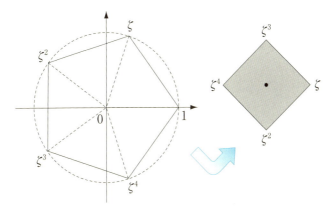

並べる際のポイントは，「解」を正方形のコマの「頂点」に見立てるというものです。それは解の関係性をとらえた，ガウスのみごとなアイディアでした。

正方形は4回回転対称性を備えています。方程式の解の場合には，「回転」のかわりに「何乗」かすることになってきます。これから，このことを見ていきましょう。

さて「ζ, ζ^2, ζ^3, ζ^4」をそれぞれ2乗すると，「ζ^2, ζ^4, ζ^6, ζ^8」つまり「ζ^2, ζ^4, ζ, ζ^3」となります。$x=\zeta$ は $x^5=1$ の解なので，$\zeta^5=1$ から「$\zeta^6=\zeta^5\zeta=\zeta$」，「$\zeta^8=\zeta^5\zeta^3=\zeta^3$」なのです。

こうなると「ζ, ζ^2, ζ^3, ζ^4」をこのまま「時計回りに」正方

形に並べたのでは，2乗すると正方形の形がくずれてしまいます。

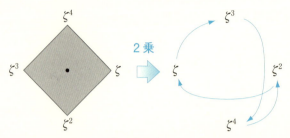

うまい並べ方は，「ζ, ζ^2, ζ^4, ζ^3」というものです。これなら「2乗」すると「ζ^2, ζ^4, ζ^3, ζ」となり，正方形の回転となってきます。

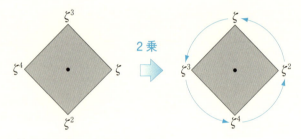

この並べ方を見つけるには，あらかじめ $x=\zeta$ を繰り返し2乗しておくと便利です。2乗していくと，

$$\boxed{\zeta},\ \boxed{\zeta^2},\ (\zeta^2)^2 = \boxed{\zeta^4},\ (\zeta^4)^2 = \zeta^8 = \boxed{\zeta^3}$$

となり，方程式の解が出そろいます。このとき出てきた「ζ, ζ^2, ζ^4, ζ^3」の順に「時計回りに」並べるのです。

ちなみに2乗でなく3乗でも出そろいます。もし3乗で並べた場合は，「3乗」が「回転」に相当することになります。

8 $x^4+x^3+x^2+x+1=0$ は「回る正方形」

さて,「$\zeta, \zeta^2, \zeta^4, \zeta^3$」と並べておいて,これらを「2乗」していくと,次のように置きかわっていきます。

「90°回転」のように,どんどん回っていって4回目で最初の並びにもどるのです。

$$\zeta, \zeta^2, \zeta^4, \zeta^3$$
$$\to \zeta^2, \zeta^4, \zeta^3, \zeta$$
$$\to \zeta^4, \zeta^3, \zeta, \zeta^2$$
$$\to \zeta^3, \zeta, \zeta^2, \zeta^4$$
$$(\to \zeta, \zeta^2, \zeta^4, \zeta^3)$$

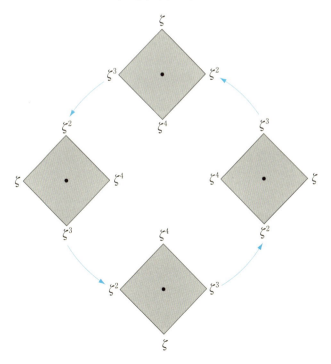

2章 方程式を解いてみよう

● 補助方程式

頂点に「$\zeta, \zeta^2, \zeta^4, \zeta^3$」が並んだ正方形を見つめながら，$x^4+x^3+x^2+x+1=0$ を解く際に用いる補助方程式を作っていきましょう。

4次方程式なのだから二項方程式 $x^4=a$ に帰着させるはず，と思われるかもしれませんね。でも，$\sqrt[4]{}$ なら $\sqrt{\sqrt{}}$ とすればよいのです。2次の二項方程式 $x^2=a$ に帰着させることを2回繰り返すのです。今回は，2次方程式を2回解くことになります。

$\zeta, \zeta^2, \zeta^4, \zeta^3$ から1回目の α, β を作り，補助方程式 $x^2-(\alpha+\beta)x+\alpha\beta=0$ を作ります。2回目も α_1, β_1 と α_2, β_2 を作り，補助方程式 $x^2-(\alpha_1+\beta_1)x+\alpha_1\beta_1=0$ と $x^2-(\alpha_2+\beta_2)x+\alpha_2\beta_2=0$ を作ります。もっとも2回目に求まる解 $\alpha_1, \beta_1, \alpha_2, \beta_2$ は，順不同で $\zeta, \zeta^2, \zeta^4, \zeta^3$ の予定なので，作るといっても $\zeta, \zeta^2, \zeta^4, \zeta^3$ の中から2つ選んでそのまま α_1, β_1 とし，残りを α_2, β_2 とするだけです。

問題は，「$\zeta, \zeta^2, \zeta^4, \zeta^3$」をどうやって「$\alpha_1, \beta_1$」と「$\alpha_2, \beta_2$」の2組に分けるかです。それぞれに2次方程式の解となるように分けるのです。

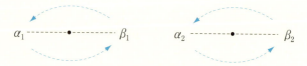

もちろん，どんな分け方でもよいわけではありません。係数 $\alpha_1+\beta_1, \alpha_1\beta_1, \alpha_2+\beta_2, \alpha_2\beta_2$ は，1回目の補助方程式の解と係数とを加減乗除した数でなければならないのです。その1回目の補助方程式の係数も，もとの方程式 $x^4+x^3+x^2+x+1=0$ の係数を

加減乗除した数，つまり有理数（分数）でなければならないのです。

ガウスが見抜いた結論は，解を並べた正方形において，対角線上の解を組にして分けるということです。

そもそも2次方程式の解は，互いに180°回転した関係になっています。このことを念頭に，この正方形を180°回してみます。すると，「ζ, ζ^4」が（左右）入れかわり，「ζ^3, ζ^2」が（上下）入れかわります。この「ζ, ζ^4」と「ζ^3, ζ^2」に分けることにするのです。

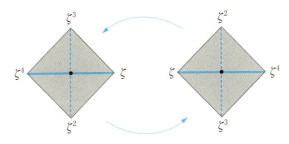

この置きかえは姿を変えて，一般の4次方程式でも登場するので心に留めておいてください。（※⓭参照）

結局のところ，2回目に作る補助方程式は $x^2-(\zeta+\zeta^4)x+\zeta\zeta^4=0$ と $x^2-(\zeta^2+\zeta^3)x+\zeta^2\zeta^3=0$ となる予定です。

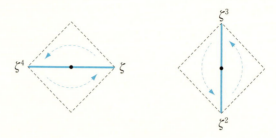

このことを念頭に，1 回目の補助方程式を作ります。じつは求まった解がそのまま 2 回目の補助方程式の係数となるように，$\alpha = \zeta + \zeta^4$，$\beta = \zeta^2 + \zeta^3$ として 1 回目の補助方程式 $x^2 - (\alpha + \beta)x + \alpha\beta = 0$ を作ります。

まずは係数の $\alpha + \beta$ と $\alpha\beta$ を求めます。途中で $\zeta + \zeta^4 + \zeta^2 + \zeta^3 = -1$ を用いていますが，これは $x^4 + x^3 + x^2 + x + 1 = (x - \zeta)(x - \zeta^2)(x - \zeta^4)(x - \zeta^3)$ において，x^3 の係数を比較すれば出てきます。

$$\begin{aligned}
\alpha + \beta &= \zeta + \zeta^4 + \zeta^2 + \zeta^3 = -1 \\
\alpha\beta &= (\zeta + \zeta^4)(\zeta^2 + \zeta^3) \\
&= \zeta^3 + \zeta^4 + \zeta + \zeta^2 \quad (\zeta^5 = 1 \text{ より}) \\
&= -1
\end{aligned}$$

$\alpha = \zeta + \zeta^4$，$\beta = \zeta^2 + \zeta^3$ を解とする 1 回目の補助方程式 $x^2 - (\alpha + \beta)x + \alpha\beta = 0$ は，

$$t^2 + t - 1 = 0 \quad (\text{補助方程式})$$

と求まりました。この解は $t = \dfrac{-1 \pm \sqrt{5}}{2}$ です。そこで

❽ $x^4+x^3+x^2+x+1=0$ は「回る正方形」

$$\alpha = \zeta + \zeta^4 = \frac{-1+\sqrt{5}}{2}, \quad \beta = \zeta^2 + \zeta^3 = \frac{-1-\sqrt{5}}{2}$$

として，2回目の補助方程式を作ります。解がそれぞれ「$x=\zeta, \zeta^4$」，「$x=\zeta^2, \zeta^3$」となる2次方程式です。

$$\zeta + \zeta^4 = \frac{-1+\sqrt{5}}{2}$$
$$\zeta\zeta^4 = \zeta^5 = 1$$

$$\zeta^2 + \zeta^3 = \frac{-1-\sqrt{5}}{2}$$
$$\zeta^2\zeta^3 = \zeta^5 = 1$$

2回目の補助方程式は，それぞれ

$$x^2 - \frac{-1+\sqrt{5}}{2}x + 1 = 0, \quad x^2 - \frac{-1-\sqrt{5}}{2}x + 1 = 0$$

となります。これを解けば❹で求めた解が出てきます。

$\sqrt{}$ の中に $\sqrt{}$ が入ったのを2回と数えると，ガウスが解いた $x^{16}+x^{15}+\cdots\cdots+x+1=0$ は，解に $\sqrt{}$ が何回入るのかしら？

2章 方程式を解いてみよう

ガロア群を見れば分かるよ。2組に分かれて回っていたら、2乗根の添加だよ。16人が8人ずつ2組に分かれて回っているから1回だろ。1人ずつになるまで数えると、全部で4回さ[注]。

（注：次節❾では、作図との関連で途中までとしていますが、もし最後まで求めると、もう1つ $\sqrt{\ }$ が加わり4回となります。ガロア群については❿参照）

〔❿の参照ページ〕
1回（p.139 ------），2回（p.140 --------）
3回（p.141 ———），4回（p.142 ········）

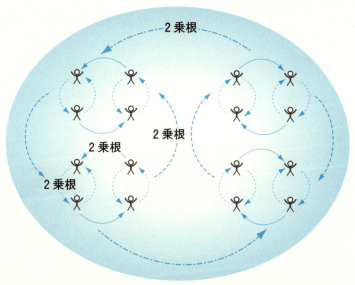

16人のガロア・ダンサーズによる
「$x^{16} + x^{15} + \cdots\cdots + x + 1 = 0$」のダンス

❾ 正17角形の作図は「回る正16角形」

「正三角形」なら，何度も描いてみたことがありますね。

じつは「正五角形」も作図できるのです。何とこのことは紀元前から知られていました。それに「正五角形」が作図できることなら，すでに❹で見てきたのです。

下図のように半径1の円を描き，aで垂線を引き，円との交点ζを求めます。後は1とζを結んだ長さをコンパスで取っていき，定木で結べば完成です。問題は「a」が「作図できる数」（※後述）かどうかです。じつは❹で$a = \dfrac{-1+\sqrt{5}}{4}$ と求めた段階で，このことは解決したのです。

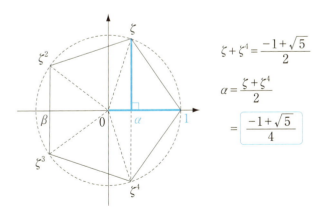

そもそも「作図できる数」とは，どんな数でしょうか。まずは，あらかじめ与えられた長さを1とします。また作図には，（目盛りのない）定木とコンパスのみを用います。もちろん負の数はの

ぞきます。(以下,「正の」を省略します。)

作図法は省略しますが,定木を用いると,「作図できる数」を加減乗除した数が作図できます。さらにコンパスも用いると,$\sqrt{}$ の中に「作図できる数」が入った数が作図できます。

このことから,まずは1を加減乗除した整数,小数,分数といった数,つまり有理数が「作図できる数」に入ります。次に,有理数と「$\sqrt{}$ の中に有理数が入った数」とを加減乗除した数も「作図できる数」となります。さらには,同じことを繰り返して出来てくる数も,どんどん「作図できる数」に加わっていきます。$\alpha = \dfrac{-1+\sqrt{5}}{4}$ は,見ての通り「作図できる数」です。

● **正 17 角形の作図**

ガウスは19歳という若さで,「正17角形」が作図できることを発見しました。1796年3月30日の朝のことです。このことは,2000年間誰一人として考えてもみなかった歴史的快挙でした。

ガウスは,実際に「正17角形」を作図したわけではありません。方程式を解いて,(先ほどの α のような) 作図で要となる数が「作図できる数」であることを示したのです。

$x^{17}=1$ の解 $x=1$, ζ, ζ^2, ζ^3, ……, ζ^{16} は,複素平面で半径1の円周上に正17角形状に並んでいます。ガウスが示したのは,(ζ と ζ^{16} の中点) $\dfrac{\zeta+\zeta^{16}}{2}$ が「作図できる数」であることです。$\dfrac{\zeta+\zeta^{16}}{2}$ が $\sqrt{}$ を繰り返し用いて表されることを示したのです。(※次の図は,後で左右の位置を確認する際に用います。)

❾ 正17角形の作図は「回る正16角形」

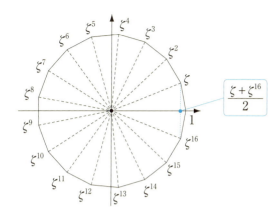

● $x^{16}+x^{15}+\cdots\cdots+x+1=0$

$x^{17}-1=0$ は $(x-1)(x^{16}+x^{15}+\cdots\cdots+1)=0$ と分解されます。ガウスは、この16次方程式 $x^{16}+x^{15}+\cdots\cdots+x+1=0$ を実際に解いてみせたのです。次々に2次の補助方程式に帰着させていき、$\sqrt{}$ を繰り返し用いることでその解を表したのです。

これから、$x^{16}+x^{15}+\cdots\cdots+x+1=0$ を解いていきましょう。基本的に $x^4+x^3+x^2+x+1=0$ の解法と同じなので、数式を飛ばして図だけ眺めていってもいいですね。

やはり計算も気になる方のために、あらかじめ次の式①を確認しておきます。これは $x^{16}+x^{15}+\cdots\cdots+x+1=(x-\zeta)(x-\zeta^2)(x-\zeta^3)\cdots(x-\zeta^{16})$ の x^{15} の係数を比較したものです。

$$\zeta+\zeta^2+\zeta^3+\cdots\cdots+\zeta^{16}=-1 \quad \cdots\cdots ①$$

113

2章　方程式を解いてみよう

さて，$x^{16}+x^{15}+\cdots\cdots+x+1=0$ の解 $x=\zeta,\ \zeta^2,\ \zeta^3,\ \cdots\cdots,\ \zeta^{16}$ は，$x^{17}=1$ の解から1をのぞいたもので，複素平面上ではもはや正17角形ではありません。

ガウスのアイディアは，これら16個の「解」を，正16角形のコマの「頂点」に見立てるというものです。

「$\zeta,\ \zeta^2,\ \zeta^3,\ \cdots\cdots,\ \zeta^{16}$」のうまい並べ方を知るために，あらかじめ $x=\zeta$ を「3乗」していきます。（$\zeta^{17}=1$）

$$\zeta \to \zeta^3 \to \zeta^9 \to \zeta^{10} \to \zeta^{13} \to \zeta^5 \to \zeta^{15} \to \zeta^{11} \to$$
$$\zeta^{16} \to \zeta^{14} \to \zeta^8 \to \zeta^7 \to \zeta^4 \to \zeta^{12} \to \zeta^2 \to \zeta^6\ (\to \zeta)$$

ここで ζ の肩に乗っている「指数」ですが，順に3倍していったときの「17で割った余り」となっています。

$$1 \to 3 \to 9 \to 10 \to 13 \to 5 \to 15 \to 11 \to$$
$$16 \to 14 \to 8 \to 7 \to 4 \to 12 \to 2 \to 6\ (\to 1)$$

これで $x^{16}+x^{15}+\cdots\cdots+x+1=0$ の16個の解が出そろいました。ちなみに，3乗でなくても，5乗，6乗，7乗，10乗，11乗，12乗，14乗でも出そろいます。

まずはこれら16個の解を，正16角形の頂点に並べます。ζ を「3乗」して出てきた順に，「時計回り」に並べるのです。

❾ 正17角形の作図は「回る正16角形」

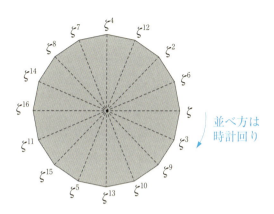

並べ方は
時計回り

● **補助方程式①**

まずは前節と同じように,「$\zeta, \zeta^2, \zeta^3, \ldots\ldots, \zeta^{16}$」を2組に分けます。それらの和を α, β として最初の補助方程式 $x^2-(\alpha+\beta)x+\alpha\beta=0$ を作るのです。

ガウスの見抜いた結論は,正16角形に並んだ解を,正8角形に並んだ解の「2組」に分けるというものです。

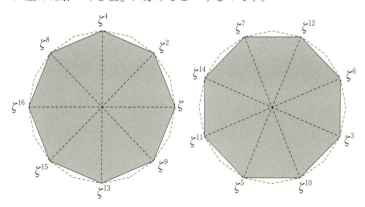

2章 方程式を解いてみよう

それらの和を，先々の都合も考えて α_1, β_1 とします。

$$\alpha_1 = \zeta + \zeta^2 + \zeta^4 + \zeta^8 + \zeta^9 + \zeta^{13} + \zeta^{15} + \zeta^{16}$$
$$\beta_1 = \zeta^3 + \zeta^5 + \zeta^6 + \zeta^7 + \zeta^{10} + \zeta^{11} + \zeta^{12} + \zeta^{14}$$

①より $\alpha_1 + \beta_1 = -1$ ですが，$\alpha_1 \beta_1$ を計算すると $\alpha_1 \beta_1 = -4$ と求まります。これより α_1, β_1 を解とする補助方程式 $x^2 - (\alpha_1 + \beta_1)x + \alpha_1 \beta_1 = 0$ は次のようになります。

$$x^2 + x - 4 = 0 \quad \cdots\cdots \text{(補助方程式①)}$$

この解は $x = \dfrac{-1 \pm \sqrt{17}}{2}$ で，次のようになります。（p.113の図で解の位置を確認して，α_1, β_1 の大小を見極めます。以下同様）

$$\alpha_1 = \zeta + \zeta^2 + \zeta^4 + \zeta^8 + \zeta^9 + \zeta^{13} + \zeta^{15} + \zeta^{16} = \dfrac{-1 + \sqrt{17}}{2} \quad \cdots ②$$

$$\beta_1 = \zeta^3 + \zeta^5 + \zeta^6 + \zeta^7 + \zeta^{10} + \zeta^{11} + \zeta^{12} + \zeta^{14} = \dfrac{-1 - \sqrt{17}}{2} \quad \cdots ③$$

● 補助方程式②

引き続き，先ほど求まった $\alpha_1 = \dfrac{-1+\sqrt{17}}{2}$ と $\beta_1 = \dfrac{-1-\sqrt{17}}{2}$ を係数に用いて，さらに補助方程式を作ります。

今度はp.115左側の正8角形に並んだ解を，正方形に並んだ解の「2組」に分けて，それらの和を α_2, β_2 とします。（同じよ

9 正17角形の作図は「回る正16角形」

うに,p.115右側の方は α_2', β_2' とする予定です。)

$$\alpha_2 = \zeta + \zeta^4 + \zeta^{13} + \zeta^{16}$$
$$\beta_2 = \zeta^2 + \zeta^8 + \zeta^9 + \zeta^{15}$$

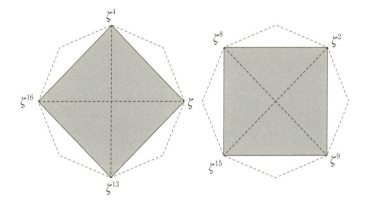

$\alpha_2 + \beta_2 = \dfrac{-1+\sqrt{17}}{2}$ でしたが,$\alpha_2\beta_2$ を計算すると $\alpha_2\beta_2 = -1$ と求まります。これより,α_2, β_2 を解とする補助方程式 $x^2 - (\alpha_2+\beta_2)x + \alpha_2\beta_2 = 0$ は次のようになります。

$$x^2 - \dfrac{-1+\sqrt{17}}{2}x - 1 = 0 \quad \cdots\cdots \text{(補助方程式②)}$$

この解は $x = \dfrac{-1+\sqrt{17} \pm \sqrt{34-2\sqrt{17}}}{4}$ で,次のようになります。

2章 方程式を解いてみよう

$$\alpha_2 = \zeta + \zeta^4 + \zeta^{13} + \zeta^{16} = \frac{-1+\sqrt{17}+\sqrt{34-2\sqrt{17}}}{4} \quad \cdots ④$$

$$\beta_2 = \zeta^2 + \zeta^8 + \zeta^9 + \zeta^{15} = \frac{-1+\sqrt{17}-\sqrt{34-2\sqrt{17}}}{4} \quad \cdots ⑤$$

同じようにp.115右側の正8角形の解を「2組」に分けて,次が求まります。

$$\alpha_2' = \zeta^3 + \zeta^5 + \zeta^{12} + \zeta^{14} = \frac{-1-\sqrt{17}+\sqrt{34+2\sqrt{17}}}{4} \quad \cdots ⑥$$

$$\beta_2' = \zeta^6 + \zeta^7 + \zeta^{10} + \zeta^{11} = \frac{-1-\sqrt{17}-\sqrt{34+2\sqrt{17}}}{4} \quad \cdots ⑦$$

● **補助方程式③④**

さらに補助方程式を作っていきます。$\alpha_2, \beta_2, \alpha_2', \beta_2'$ を係数に用いて,それぞれ補助方程式を作るのです。

今度はp.117左側の正方形に並んだ解を,対角線上に並んだ解の「2組」に分けて,それらの和を α_3, β_3 とします。

(p.117右側の正方形や,p.115右側の正8角形から作られる2つの正方形からも,同じようにして話が進められます。でも,今回の作図では必要ありません。)

9 正17角形の作図は「回る正16角形」

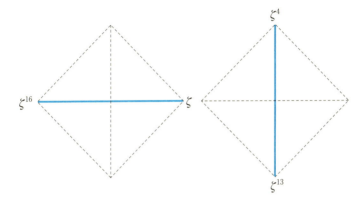

$\alpha_3 + \beta_3 = \alpha_2 = \dfrac{-1+\sqrt{17}+\sqrt{34-2\sqrt{17}}}{4}$ でしたが，$\alpha_3 \beta_3$ を計算すると $\alpha_3 \beta_3 = \zeta^3 + \zeta^5 + \zeta^{12} + \zeta^{14} = \alpha_2{}' = \dfrac{-1-\sqrt{17}+\sqrt{34+2\sqrt{17}}}{4}$ と求まります。これより α_3, β_3 を解とする補助方程式 $x^2 - (\alpha_3+\beta_3)x + \alpha_3\beta_3 = 0$ は次のようになります。

$$x^2 - \alpha_2 x + \alpha_2{}' = 0 \quad \cdots\cdots \text{(補助方程式③)}$$

この解を求める前に $\sqrt{}$ の中の判別式 D を計算しておくと，$D = \alpha_2{}^2 - 4\alpha_2{}' = \beta_2 - 2\alpha_2{}' + 4$ となります。これより $x^2 - \alpha_2 x + \alpha_2{}' = 0$ の

解は $x = \dfrac{\alpha_2 \pm \sqrt{\beta_2 - 2\alpha_2' + 4}}{2}$ となり，$\alpha_3 = \zeta + \zeta^{16} = \dfrac{\alpha_2 + \sqrt{\beta_2 - 2\alpha_2' + 4}}{2}$ となります。正 17 角形の作図で要となってくる数 $\dfrac{\zeta + \zeta^{16}}{2} = \dfrac{\alpha_3}{2} = \dfrac{\alpha_2 + \sqrt{\beta_2 - 2\alpha_2' + 4}}{4}$ は，以下の通りです。

$$\dfrac{\zeta + \zeta^{16}}{2} = -\dfrac{1}{16} + \dfrac{1}{16}\sqrt{17} + \dfrac{1}{16}\sqrt{34 - 2\sqrt{17}}$$
$$+ \dfrac{1}{8}\sqrt{17 + 3\sqrt{17} - \sqrt{34 - 2\sqrt{17}} - 2\sqrt{34 + 2\sqrt{17}}}$$

正 17 角形を作図するなら，この $\dfrac{\alpha_3}{2} = \dfrac{\zeta + \zeta^{16}}{2}$ が求まった段階で終了です。もし $x = \zeta$ を求めたいなら，さらに続けます。$\zeta + \zeta^{16} = \alpha_3$（上記の 2 倍），$\zeta \zeta^{16} = 1$ であることから，補助方程式は次のようになります。これを解けば，$x = \zeta$ が求まります。

$$x^2 - \alpha_3 x + 1 = 0 \quad \cdots\cdots \text{（補助方程式④）}$$

● 既約と可約

ガロアはこのガウスの成果について，論文の中で次のように触れています。

『方程式の性質や難しさは，添加する量によって全く異なるものとなる。例えば既約な方程式がある量の添加によって可約となることもある。

例えば方程式
$$\frac{x^n-1}{x-1}=0 \quad (n は素数)$$
にガウス氏の補助方程式の根を添加すれば，この方程式は可約となるであろう。』

これまで見てきたのは $n=17$ の場合で，このとき $\frac{x^n-1}{x-1}=0$ は $x^{16}+x^{15}+\cdots\cdots+x+1=0$ のことです。この方程式はガウスの補助方程式の解（根）を添加していくことで可約となり，ついには完全に（1次式の積に）分解してしまうのです。

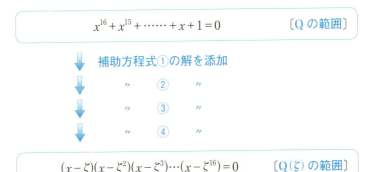

ガロアの論文を却下したポアッソンは，まだ求まってもいない解の関係を用いた議論そのものに対して無理解だったといわれています。真偽の程は定かではありませんが，このガウスの成果にしたところで，まだ求まってもいない解の関係を用いたものだったのです。

2章 方程式を解いてみよう

a を作図できる数としたときに, $\sqrt{a}$ はどうやって作図するの？

図形の相似を利用すればいいのさ。僕は幾何を2日間でマスターしたんだよ。

〔$\sqrt{a}$ の作図〕

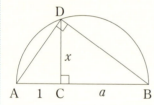

AC=1 は与えられた基準の長さ, CB=a は作図できる数とする。

AB の中点を中心, AB を直径とする円を描く。C で AB の垂線を引き, 円との交点を D とする。DC=x は以下の通り。

$$1 : x = x : a$$
$$x^2 = a$$
$$x = \sqrt{a}$$

コラム Ⅲ

3次方程式の図形的解法〔後編〕

3次方程式 $x^3 = 45x + 152$ と $x^3 - 45x = 152$ は，どう見ても同じ方程式ですね。

$$x^3 = 45x + 152 \quad \cdots\cdots ①$$
$$x^3 - 45x = 152 \quad\quad \cdots\cdots ②$$

①の右辺の「$+45x$」を移項すれば，②の左辺の「$-45x$」となるだけです。今日では全部左辺に移項して，$x^3 - 45x - 152 = 0$ とするのが通常です。

項というのは $x^3 - 45x - 152$ でいうと，「x^3」「$-45x$」「-152」のことです。$x^3 - 45x - 152$ は項が3個もあるので多項式といいます。項は，いくつから多いというかご存じですか。何と2個からです。少ないのは1個のときだけで，このときは少項式とはいわず単項式といいます。

多項式にはなじみがあっても，2項式，3項式というのはあまり耳にしませんね。このため，いきなり「二項方程式」といわれると面食らうかもしれません。もっとも二項方程式は，単に項が2つの $x^3 - 45x = 0$ のような方程式ではありません。$x(x^2 - 45) = 0$ としたときの $x^2 - 45 = 0$，つまり「$x^n = a$」（$x^n - a = 0$）の形の方程式のことです。$x^n = a$ は n 次の二項方程式です。

さて，話を3次方程式にもどしましょう。

じつはタルタリアやカルダノの時代には，解だけでなく係数も

column

すべて正としていたため，②のような方程式は扱いませんでした。このため3次方程式をいろいろな型に分け，型ごとに解法をあみだしていたのです。すべての型を統一的に扱えるようになったのは，負の数が一般的になってからです。

それでは $x^3+ax=b$ （$a>0$, $b>0$） の型は，どうやって解いていたのでしょうか。じつは，$x^3=ax+b$ （$a>0$, $b>0$） の型の x と u を入れかえるだけです。$x=u-v$ です。

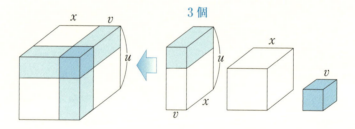

今度は，$x^3+3uv\,x$ に v^3 の立方体をつけ加えて，u^3 の立方体を組み立てるのです。

$$x^3+3uv\,x+v^3=u^3 \quad (u>v)$$

$$x^3+3uv\,x=u^3-v^3 \quad \cdots\cdots ③$$

この型の方程式では，u^3, v^3 から u, v を求めた後，$x=u-v$ と引き算で解を求めることになります。

3章
ガロア群を見てみよう

　ガウスとラグランジュという 2 人の巨人の肩に乗って，ガロアは何を見抜いてしまったのでしょうか。ここではガロアが発見したことを，追体験していきましょう。5 次以上の方程式を根号で解くことが不可能なことは，たった 2 行でケリがつきます。それが「2 種類の交換子表示」です。

⑩ 「目で」見るガロア群

$2^2=2\times2=4$, $2^3=2\times2\times2=8$ です。それでは，2^0 はいくらでしょうか。

$2^0=0$ と思いがちです。1回もかけない…，ということは無い…，無いときたら「0の発見」です。この心情の裏には，「演算」即「たし算」という頭にこびりついた思いがありそうです。もちろん演算には「かけ算」もあります。しかも 2^2, 2^3 というのはかけ算の話です。じつは $2^0=1$ と定義されています。たしても変わらないのが0なら，かけても変わらないのは1なのです。

ちなみに $2^{-1}=\frac{1}{2}$ です。たし算で2不足，つまりあと2たしたら0になる数は-2ですが，かけ算で2不足，つまりあと2かけたら1になる数は $2^{-1}=\frac{1}{2}$ なのです。

ここでは「数」ではなく，「解の置換」という操作の演算を見ていきます。さてこの演算で，0や1に相当する「単位元」は何になるのでしょうか。負の数や分数に相当する「逆元」はどうなってくるのでしょうか。

● 解の置換

これから「方程式の話」が「群の話」（解の置換）へと，どう置きかわっていくのかを見ていきましょう。前節で見てきた方程式 $x^{16}+x^{15}+\cdots\cdots+x+1=0$ のガウスの解法に対応して，「解の置換」の方では何が起きているのかを見ていくのです。

⑩「目で」見るガロア群

さて $x^{16}+x^{15}+\cdots\cdots+x+1=0$ の解「$\zeta,\ \zeta^3,\ \zeta^9,\ \cdots\cdots,\ \zeta^6$」の関係はとても簡単ですね (p.114参照)。すべての解が,たった1つの解 ζ で表されているのです。このため「解の置換」も簡単なものになってきます。たった1つの解 ζ を,16個の解 ζ^n ($n=1,\ 2,\ \cdots\cdots,\ 16$) のどれと置きかえるか,つまり ζ の行き先だけで決まってしまうからです。ζ の行き先が ζ^n なら,それぞれの解の行き先も「n乗」したものになってくるのです。

$$\begin{pmatrix} \zeta & \zeta^3 & \zeta^9 & \cdots & \zeta^6 \\ \zeta^n & (\zeta^n)^3 & (\zeta^n)^9 & \cdots & (\zeta^n)^6 \end{pmatrix}$$
$$=\begin{pmatrix} \zeta & \zeta^3 & \zeta^9 & \cdots & \zeta^6 \\ \zeta^n & (\zeta^3)^n & (\zeta^9)^n & \cdots & (\zeta^6)^n \end{pmatrix}$$

「16次」方程式 $x^{16}+x^{15}+\cdots\cdots+x+1=0$ の解の置換は,1乗,2乗,3乗,……,16乗の「16個」というわけです。

置換① $\begin{pmatrix} \zeta & \zeta^3 & \zeta^9 & \cdots & \zeta^6 \\ \zeta^1 & (\zeta^3)^1 & (\zeta^9)^1 & \cdots & (\zeta^6)^1 \end{pmatrix}$ $x=\zeta,\ \zeta^2,\ \zeta^3,\ \cdots,\ \zeta^{16}$

置換② $\begin{pmatrix} \zeta & \zeta^3 & \zeta^9 & \cdots & \zeta^6 \\ \zeta^2 & (\zeta^3)^2 & (\zeta^9)^2 & \cdots & (\zeta^6)^2 \end{pmatrix}$ $x=\zeta,\ \zeta^2,\ \zeta^3,\ \cdots,\ \zeta^{16}$

置換③ $\begin{pmatrix} \zeta & \zeta^3 & \zeta^9 & \cdots & \zeta^6 \\ \zeta^3 & (\zeta^3)^3 & (\zeta^9)^3 & \cdots & (\zeta^6)^3 \end{pmatrix}$ $x=\zeta,\ \zeta^2,\ \zeta^3,\ \cdots,\ \zeta^{16}$

〃

置換⑯ $\begin{pmatrix} \zeta & \zeta^3 & \zeta^9 & \cdots & \zeta^6 \\ \zeta^{16} & (\zeta^3)^{16} & (\zeta^9)^{16} & \cdots & (\zeta^6)^{16} \end{pmatrix}$ $x=\zeta,\ \zeta^2,\ \zeta^3,\ \cdots,\ \zeta^{16}$

3章 ガロア群を見てみよう

● ガロア群

ここで「σ」を「ζ を ζ^3 に置きかえる」(ζの行き先が ζ^3 の) 解の置換（「置換③」）とします。正 16 角形に並べたときの, ζ の「お隣さん」の ζ^3 とするのです。

$$\sigma = \begin{pmatrix} \zeta & \zeta^3 & \zeta^9 & \cdots & \zeta^6 \\ \zeta^3 & (\zeta^3)^3 & (\zeta^9)^3 & \cdots & (\zeta^6)^3 \end{pmatrix} \quad x = \zeta,\ \zeta^3,\ \zeta^9,\ \ldots\ldots,\ \zeta^6$$

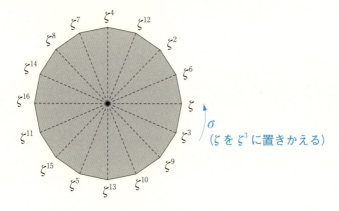

この σ では，どの解の行き先も「3乗」した解，つまり自分の「お隣さん」となります。もともと「3乗」して並べてあるからです。（正 16 角形に並んでいるので，最後の ζ^6 の「お隣さん」は最初の ζ です。）

$$\sigma = \begin{pmatrix} \zeta & \zeta^3 & \zeta^9 & \cdots\cdots & \zeta^6 \\ \zeta^3 & \zeta^9 & \zeta^{10} & \cdots\cdots & \zeta \end{pmatrix} \quad x = \zeta,\ \zeta^3,\ \zeta^9,\ \ldots\ldots,\ \zeta^6$$

さて，この「3乗」する解の置換 σ は，正 16 角形の操作にたとえると何でしょうか。

正16角形の頂点にある解が，いっせいに「3乗」した解，つまり「お隣さん」に置きかわるのです。そこに見えてくるのは正16角形の回転です。$360° ÷ 16 = 22.5°$回転です。σという解の置換は，正16角形の$22.5°$回転という操作とみなせるのです。

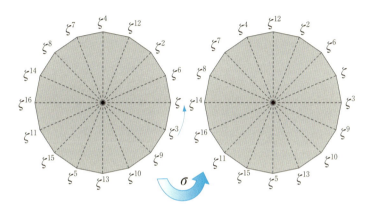

解の置換という操作には，「続けて行う」という「演算」が自然に入ります。たとえば，$22.5°$回転を2回繰り返すと，$45°$回転となります。

このσを2回繰り返す解の置換を$\sigma^2(=\sigma\sigma)$と表すと，σ^2はζの行き先がζ^9から決まってくる置換です。すべての解が$(3^2=)9$乗した解，つまり「1つおいたお隣さん」に置きかわります。このσ^2という解の置換は，正16角形の$45°$回転という操作とみなせるのです。

$$\sigma^2 = \begin{pmatrix} \zeta & \zeta^3 & \zeta^9 & \cdots\cdots & \zeta^6 \\ \zeta^9 & \zeta^{10} & \zeta^{13} & \cdots\cdots & \zeta^3 \end{pmatrix} \quad x = \zeta,\ \zeta^3,\ \zeta^9,\ \cdots\cdots,\ \zeta^6$$

3章 ガロア群を見てみよう

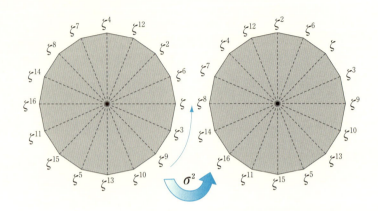

同じようにして σ^3, σ^4, ……, σ^{15} が考えられますが, σ^{16} は 360°回転となり, これは置きかえを行わない「**恒等置換**」e です。この e が「数」での 0 や 1 に相当する「**単位元**」です。この e も, れっきとした解の置換です。

$$e = \sigma^{16} = \begin{pmatrix} \zeta & \zeta^3 & \zeta^9 & \cdots\cdots & \zeta^6 \\ \zeta & \zeta^3 & \zeta^9 & \cdots\cdots & \zeta^6 \end{pmatrix} \quad x = \zeta,\ \zeta^3,\ \zeta^9,\ \cdots,\ \zeta^6$$

これまで 2 次方程式の解 α, β の置換は, α, β の置きかえだけといってきましたが, じつは置きかえを行わない恒等置換 e もあったということです。

これで 16 個の解の置換が, 全部出そろいました。

$$\text{置換 } \sigma = \begin{pmatrix} \zeta & \zeta^3 & \zeta^9 & \cdots\cdots & \zeta^6 \\ \zeta^3 & \zeta^9 & \zeta^{10} & \cdots\cdots & \zeta \end{pmatrix} \quad x = \zeta,\ \zeta^3,\ \zeta^9,\ \cdots,\ \zeta^6$$

$$\text{置換 } \sigma^2 = \begin{pmatrix} \zeta & \zeta^3 & \zeta^9 & \cdots\cdots & \zeta^6 \\ \zeta^9 & \zeta^{10} & \zeta^{13} & \cdots\cdots & \zeta^3 \end{pmatrix} \quad x = \zeta,\ \zeta^3,\ \zeta^9,\ \cdots,\ \zeta^6$$

置換 $\sigma^{15} = \begin{pmatrix} \zeta & \zeta^3 & \zeta^9 & \cdots\cdots & \zeta^6 \\ \zeta^6 & \zeta & \zeta^3 & \cdots\cdots & \zeta^2 \end{pmatrix}$ $x = \zeta,\ \zeta^3,\ \zeta^9,\ \cdots,\ \zeta^6$

置換 $e\ = \begin{pmatrix} \zeta & \zeta^3 & \zeta^9 & \cdots\cdots & \zeta^6 \\ \zeta & \zeta^3 & \zeta^9 & \cdots\cdots & \zeta^6 \end{pmatrix}$ $x = \zeta,\ \zeta^3,\ \zeta^9,\ \cdots,\ \zeta^6$

　方程式 $x^{16} + x^{15} + \cdots\cdots + x + 1 = 0$ の解の置換からなる集合 $G = \{e,\ \sigma,\ \sigma^2,\ \sigma^3,\ \cdots\cdots,\ \sigma^{15}\}$ は，ただの集合ではありません。すでに見てきたように「続けて行う」という自然な演算が入っているのです。じつはこの演算で，集合 G は「群」となっているのです。

$$G = \{e,\ \sigma,\ \sigma^2,\ \sigma^3,\ \cdots\cdots,\ \sigma^{15}\}$$

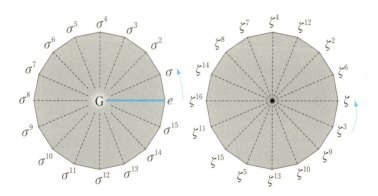

　上の左図は，G の元（解の置換）を図示したものです。たとえば σ なら，e が σ となる分の角だけ回って，右図の解が一斉に置きかわるという操作を表しています。

「群」とよばれる集合は,ただの集合ではありません。元(集合を構成するメンバー)どうしで演算ができ,その演算に関して結合法則,単位元の存在,逆元の存在,という条件を満たすものです。結合法則 $(\sigma\tau)\rho = \sigma(\tau\rho)$ は,どこから先に演算しても結果は変わらないというものです。

今回の G の場合には,結合法則は満たし,単位元は恒等置換 e で,σ^m の逆元は σ^{16-m} です。ただし今後は,これらの条件をいちいち確認しないで進めていくことにします。

群 $G = \{e, \sigma, \sigma^2, \sigma^3, \ldots, \sigma^{15}\}$ は,じつは方程式 $x^{16} + x^{15} + \ldots + x^2 + x + 1 = 0$ の「ガロア群」とよばれるものです。

群でも特別な条件を満たすものには,特別な名前がついています。たとえば演算の順序をいつでも入れかえられる,つまり交換法則 $\sigma\tau = \tau\sigma$ を満たすなら,その群は「可換群」とか「アーベル群」とよばれています。ここでは「$\sigma\tau$」を,先に σ で置きかえてから,後で τ で置きかえることとします。「$\tau\sigma$」なら,先に τ で置きかえてから,後で σ で置きかえるのです。この順序は逆に決めている書籍もあるので注意してください。

群 $G = \{e, \sigma, \sigma^2, \sigma^3, \ldots, \sigma^{15}\}$ はアーベル群となっています。演算は回転を続けて行うことなので,結果は「合わせた」分の回転となるからです。

じつは群 G は,アーベル群の中でもさらに特別な「巡回群」となっています。「巡回群」というのは,まさしく $G = \{e, \sigma, \sigma^2, \sigma^3, \ldots, \sigma^{15}\}$ のように,1つの元 σ から演算を繰り返すことで生成される群です。

ガウスは正 16 角形に並んだ解「ζ, ζ^3, ζ^9, ……, ζ^6」の間の関係を見抜き,これを用いて方程式 $x^{16}+x^{15}+……+x^2+x+1=0$ を解いてみせました。

ガロアはガウスが見抜いた解の関係そのものを,解の置換からなる「群」という概念でとらえたのです。

● ガロアの注釈

ガロアは,論文の中でガロア群を構成する直前に,次のような注釈を述べています。

『この特別な場合には,順列の数は方程式の次数に等しい。これと同じことは,すべての根が 1 つの根の有理関数として表される場合に対して成り立つであろう。』

ガロアのいう「この特別な場合」というのは,(この記述の前に述べている)ガウスの方程式のことです。$x^{16}+x^{15}+……+x^2+x+1=0$ は,そのガウスの方程式の一例です。

「順列」というのは,解 ζ, ζ^2, ζ^3, ……, ζ^{16} の置換(並べかえ)のことで,全部で「16 個」です。つまり,群 $G=\{e, \sigma, \sigma^2, \sigma^3, ……, \sigma^{15}\}$ の元の個数(位数)です。ちなみにガロアは,この解の置換(順列)をこの記述の前に具体的に記しています。

もし一般の 16 次方程式ならば,その解の置換(順列)は $16!=16\times15\times……\times2\times1$ という,とんでもない数になってきます。ところがこの特別な方程式では,すべての解がたった 1 つの解 ζ

で表されているために,「16次」方程式で「16個」の解の置換と
なるのです。順列(解の置換)の数は方程式の次数に等しくなる
のです。

　ガロアはこの注釈の直後から, 一般の場合のガロア群を構成し
ていきます。(ここでのζのように)「すべての根が1つの根の有
理関数として表される」ように, (補助定理で)方程式を取りか
えることも済ませました。そこで, その方程式から既約方程式を
取り出し, その既約方程式のどの解(ここでのζ, ζ^3, ζ^9, ……,
ζ^6)と置きかえるかで, (既約方程式の)次数と同じ個数の解の
置換を作ろうというのです。それがもとの方程式の「ガロア群」
です。

　さあこれからという時点で, ガロアは心配になったのか, ガウ
スの方程式を例にしたこの注釈を入れることにしたのです。ガロ
アは決して尊大でも不親切でもなく, 理解されるようにと心をく
だいていたのかもしれません。

● 数の添加と部分群

　$x^{16}+x^{15}+\cdots\cdots+x^2+x+1=0$の話にもどりましょう。この場合
は, たった1つの解ζですべての解が表されているため, このま
ま(方程式を取りかえることもなく)「方程式の話」と「群の話」
を進めていけるのです。

　ガロアは, 友人のシュヴァリエへの手紙の中で, 次のように述
べています。

『固有分解の最も簡単なものは，ガウス氏の方法を使うとき，現れるものです。
　方程式を考えるときも，この方法が使えるときは，その群は分解できることが明らかです。それは簡単なことですからそのために時間をかけることはないでしょう。』

　ガロアにとっては明らかでも，ここでは時間をかけて見ていくことにしましょう。
　じつはガロアは，この「16次」方程式が分解していくのに対応して，「16個」の元からなる群も（固有）分解していくことを見抜いたのです。（ただし「固有分解」という用語は，現在では用いられていません。）
　さて「方程式の話」の方では，その分解は補助方程式の解の「添加」によってもたらされます。前節では，（補助方程式の解に現れる）2乗根をどんどん添加していくと，ついには方程式が完全に分解され，解が2乗根だけを用いて表されることを見てきました。
　それなら「群の話」の方では，ガロアのいう群の固有分解は，いったい何によってもたらされるのでしょうか。
　結論をいってしまうと，「部分群」です。（一般の場合は「正規部分群」です。）「部分群」というのは，群の部分集合で，その部分集合自体が群をなすものです。
　ガロアが「群の固有分解」とよんでいるものは，じつは群の「（正規）部分群」による組分け（剰余類への類別）のことをさし

3章 ガロア群を見てみよう

ているのです。ガウスが解を「2組」に分けていったのに対応して、ガロアは群が（正規）部分群によって「2組」に分かれていくことをとらえたのです。

● 部分群(1)

ガロア群 $G = \{e, \sigma, \sigma^2, \sigma^3, \ldots, \sigma^{15}\}$ を「2組」に分けることは簡単です。「分解できることが明らか」とガロアがいうのも、もっともなのです。何しろ群 G は正16角形の回転とみなせるのです。

この部分群なら、正8角形の回転からなる群 $G_1 = \{e, \sigma^2, \sigma^4, \ldots, \sigma^{14}\}$ があります。残りを $\overline{G_1} = \{\sigma, \sigma^3, \sigma^5, \ldots, \sigma^{15}\}$ とするのです。これで群 G は、部分群 G_1 によって「2組」に分けられました。

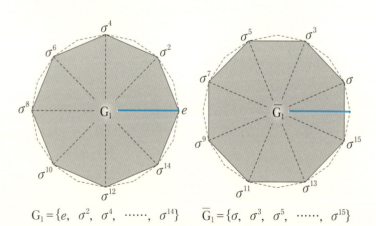

$G_1 = \{e, \sigma^2, \sigma^4, \ldots, \sigma^{14}\}$　　$\overline{G_1} = \{\sigma, \sigma^3, \sigma^5, \ldots, \sigma^{15}\}$

正8角形の回転からなる G_1 は、G の部分群です。でも、$\overline{G_1}$ は

部分群ではありません。たとえば $\overline{G_1}$ の元である σ どうしをかけた $\sigma\sigma = \sigma^2$ は，$\overline{G_1}$ ではなく G_1 に入ってしまいます。

ガロア群 G の「部分群 G_1」によるこの組分けは，方程式の方では「α_1, β_1 の添加」に対応してきます。

$$\alpha_1 = \zeta + \zeta^2 + \zeta^4 + \zeta^8 + \zeta^9 + \zeta^{13} + \zeta^{15} + \zeta^{16}$$
$$\beta_1 = \zeta^3 + \zeta^5 + \zeta^6 + \zeta^7 + \zeta^{10} + \zeta^{11} + \zeta^{12} + \zeta^{14}$$

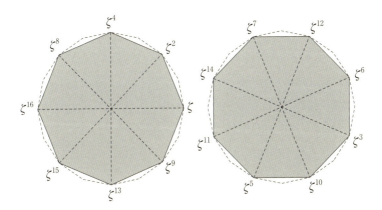

この α_1, β_1 を「不変にする」のが，じつは「部分群」G_1 なのです。

部分群 G_1 の元は，（回してみれば）どれも α_1, β_1 の和の中に出てくる解「ζ, ζ^2, ζ^4……」や「ζ^3, ζ^5, ζ^6……」を，この和の中で置きかえるだけです。このため α_1, β_1 は不変なのです。これに対して $\overline{G_1}$ の元は，α_1 は β_1 に，β_1 は α_1 に入れかえてしまいます。ちなみに，この $x = \alpha_1$, β_1 を解とするのが前節の補助方程

式①でした。

さて，前節の補助方程式は（①にかぎらず）どれも2次方程式です。その解の置換は，棒の回転や鏡でたとえられます。

このことは群の方では，どうなっているのでしょうか。

ガロア群 G は，部分群 G_1 によって2組に分けられました。$G_1 = \{e,\ \sigma^2,\ \sigma^4,\ \cdots\cdots,\ \sigma^{14}\}$ と $\overline{G}_1 = \{\sigma,\ \sigma^3,\ \sigma^5,\ \cdots\cdots,\ \sigma^{15}\}$ です。じつはここで，$\overline{G}_1$ は G_1 を σ という鏡で映したものと見なせるのです。

$$\begin{aligned}\sigma G_1 &= \sigma \times \{e,\ \sigma^2,\ \sigma^4,\ \cdots\cdots,\ \sigma^{14}\} \\ &= \{\sigma,\ \sigma^3,\ \sigma^5,\ \cdots\cdots,\ \sigma^{15}\} \\ &= \overline{G}_1\end{aligned}$$

鏡は σ でなくても，$\overline{G}_1$ の元 $\sigma^3,\ \sigma^5,\ \cdots\cdots,\ \sigma^{15}$ ならどれでもかまいません。たとえば σ^3 を鏡とみなすと，次のようになります。

$$\begin{aligned}\sigma^3 G_1 &= \sigma^3 \times \{e,\ \sigma^2,\ \cdots\cdots,\ \sigma^{12},\ \sigma^{14}\} \\ &= \{\sigma^3,\ \sigma^5,\ \cdots\cdots,\ \sigma^{15},\ \sigma\} \quad (\sigma^{16} = e) \\ &= \overline{G}_1\end{aligned}$$

σ という1つの鏡で，G_1 はすべて $\overline{G}_1$ に映るのです。それだけではありません。像 $\overline{G}_1$ をもう一度 σ という鏡に映すと，もとの G_1 にもどるのです。このことは，正8角形の $\overline{G}_1$ を，さらに σ の分だけ回してみれば分かります。G_1 とぴったり重なるのです。もちろん，実際に計算しても確かめられます。

$$\begin{aligned}\sigma \overline{G}_1 &= \sigma \times \{\sigma,\ \sigma^3,\ \cdots\cdots,\ \sigma^{13},\ \sigma^{15}\} \\ &= \{\sigma^2,\ \sigma^4,\ \cdots\cdots,\ \sigma^{14},\ e\} \quad (\sigma^{16} = e) \\ &= G_1\end{aligned}$$

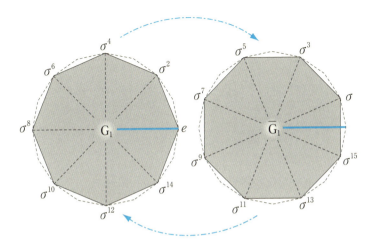

ガロアは, $\{G_1, \overline{G_1}\} = \{G_1, \sigma G_1\}$ には自然に演算が入って群をなし, 補助方程式の解の置換群と同一視できることに気づいたのです。どちらも棒の回転や鏡でたとえた群なのです。この群 $\{G_1, \overline{G_1}\}$ は, 群 G の部分群 G_1 による「剰余群」や「商群」とよばれ, G/G_1 と表されます。

群に含まれる元の個数は, 群の「位数」とよばれています。群 G/G_1 の位数は $16 \div 8 = 2$ で, ちょうど群 G の位数を部分群 G_1 の位数で割ったものとなっています。

さて, $16 \div 8 = 2$ から $16 = 2 \times 8$ となりますが, これになぞらえて「比喩的に」$G = G/G_1 \times G_1$ と表すことにしましょう。

16 の素因数分解では, $16 = 2 \times 8$ から引き続き 8 を素因数分解していきます。同じように群 G の方も, $G = G/G_1 \times G_1$ から引き続き部分群 G_1 を分解していくことにします。(次ページ以降の ● は解の置換とします。$e, \sigma, \sigma^2, \cdots, \sigma^{15}$ です。)

3章 ガロア群を見てみよう

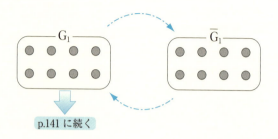

p.141 に続く

● 部分群(2)

今度は，群 G_1 の部分群を見てみることにしましょう。

この群 G_1 を「2組」に分けることも簡単です。何しろ群 G_1 は正8角形の回転とみなせるのです。これの部分群なら，正方形の回転からなる群 $G_2 = \{e,\ \sigma^4,\ \sigma^8,\ \sigma^{12}\}$ があります。群 G_1 において，この G_2 の残りを $\overline{G}_2 = \{\sigma^2,\ \sigma^6,\ \sigma^{10},\ \sigma^{14}\}$ とするのです。

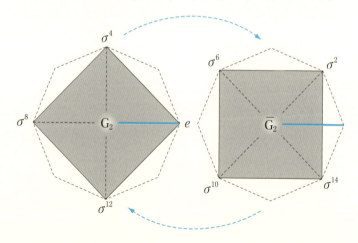

このとき，先ほどの $\alpha_1,\ \beta_1$ が $\alpha_2,\ \beta_2$ となり，補助方程式が前

140

⓾ 「目で」見るガロア群

節の②となる他は,同じように話が展開されていきます。

$16 = 2 \times 2 \times 4$ ですが,これになぞらえると $G = G/G_1 \times G_1/G_2 \times G_2$ という段階まできたことになります。

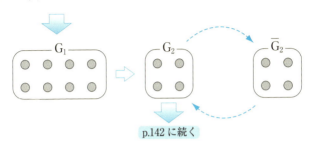

p.142 に続く

● 組成列

$G = G/G_1 \times G_1/G_2 \times G_2$ という段階から,さらに続けます。群 $G_2 = \{e, \sigma^4, \sigma^8, \sigma^{12}\}$ を,その部分群 $G_3 = \{e, \sigma^8\}$ によって「2組」に分け,剰余群 G_2/G_3 を作るのです。

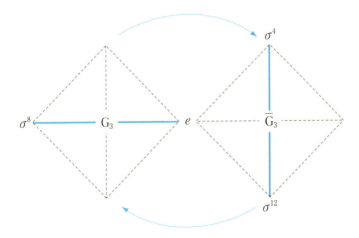

3章 ガロア群を見てみよう

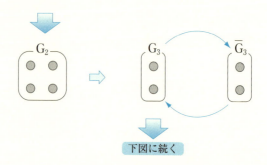

$G_3 = \{e, \sigma^8\}$ からは,もう剰余群を作る必要はありません。

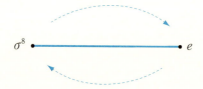

$16 = 2 \times 2 \times 2 \times 2$ で,素因数分解はこれにて終了です。これになぞらえた $G = G/G_1 \times G_1/G_2 \times G_2/G_3 \times G_3$ の方も,これにて終了なのです。

ガウスは解を「2組」に分けていき,最後には解が1つだけとなってその解が求まったのです。ガロアが見たのは,これに対応して群の方も「2組」に分かれていき,最後には1つだけの元(置換)となることだったのです。

群 G/G_1 も,群 G_1/G_2 も,群 G_2/G_3 も,群 G_3 も,どれも棒の回

142

⑩ 「目で」見るガロア群

転や鏡でたとえた位数 2 の巡回群です。しかもこれらは，2 次の補助方程式の解の置換群と同一視できるのです。

このときの群 G の部分群の列 $G \supset G_1 \supset G_2 \supset G_3 \supset G_4 \, (G_4 = \{e\})$ は，じつは「組成列」とよばれるものになっています。

$$G = \{e, \ \sigma, \ \sigma^2, \ \sigma^3, \ \cdots\cdots, \ \sigma^{15}\}$$
$$G_1 = \{e, \ \sigma^2, \ \sigma^4, \ \cdots\cdots, \ \sigma^{14}\}$$
$$G_2 = \{e, \ \sigma^4, \ \sigma^8, \ \sigma^{12}\}$$
$$G_3 = \{e, \ \sigma^8\}$$
$$G_4 = \{e\}$$

今回は群 G が「巡回群」であるために，話が簡単に進んでいきました。

ガロアは一般の方程式のガロア群を構成した上で，どのような部分群をとっていくことができたら，方程式が根号を用いて解けるのかをつきとめたのです。その過程で発見したのが「正規部分群」です。ちなみに今回のガロア群はアーベル群（さらに特別な巡回群）なので，すべての部分群が正規部分群となっています。正規部分群については，また後の節で見ていくことにしましょう。この正規部分群の概念は，ガロア最大の発見といわれることもあるようです。

シュヴァリエへの手紙の中に出てくる（ガロアのいう）「固有分解」は，この特別な部分群である正規部分群によって群を組に分けることです。また固有分解できることを，ガロアは「群は分解できる」と表現しているのです。

3章　ガロア群を見てみよう

この方程式が「平方根」だけで解けたのは，ガロア群がどんどん「2組」に分けられたからね。「3組」に分けられたら「3乗根」を使って解けるのかな？

ただの部分群で組に分けたのでは，回るどころか団体行動（組と組で演算）ができないんだよ。そこで登場するのが「正規部分群」さ。このとき2組や3組だと，2や3が素数だから巡回群となって，2乗根や3乗根の添加となってくるのさ。

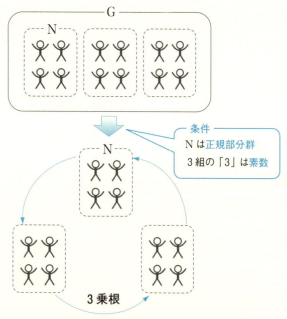

条件
Nは正規部分群
3組の「3」は素数

12人のガロア・ダンサーズの組分け

11 「逆」から見た3次方程式

　一体どこから，そんな奇想天外な発想がわいてきたのでしょうか。これがインスピレーションというものでしょうか。

　ラグランジュは，もとの方程式を都合のよい方程式と取りかえることにしたのです。しかも，次数さえ異なる方程式です。「一般の3次方程式」なら，その解から作られる「特別な6次方程式」と取りかえて，こちらからスタートすることにしたのです。

　この方程式の取りかえという発想は，明確な形こそ取らなかったものの，その解を添加した「体」の概念の萌芽ともいえるものでした。ガロアはこのラグランジュの成果を，自らの研究の出発点としたのです。今日から見れば，3次方程式の解を全部添加した「体」も，その6次方程式の解を全部添加した「体」も，同一というわけです。

　ちなみに，ガウスの方程式 $x^{16}+x^{15}+\cdots\cdots+x+1=0$ では，この方程式の取りかえは必要ありませんでした。すべての解 $x=\zeta$，ζ^2, ζ^3, ……, ζ^{16} が，たった1つの解 ζ で表されているからです。もっともラグランジュがこの研究に没頭していた頃，まだガウスは生まれてさえいませんでした。

● ラグランジュの分解式

　ラグランジュは，(「1の3乗根」ω と) 3次方程式のまだ分かっていない解 $x=\alpha$, β, γ を用いて，まずは「3乗根」を作る

ことにしました。その上で、もとの3次方程式を、その3乗根を解としてもつ6次方程式と取りかえることにしたのです。

> 〔3次方程式〕 $x^3 - 3px + q = 0$　解 $x = \alpha, \beta, \gamma$
>
> ↓
>
> 〔二項方程式〕　　$t^3 = a$　⇐　解を α, β, γ で！

ここからは舞台裏です。

まずは α, β, γ を用いて「3乗根」を作ります。もしかしたら「2乗根」の $1 \cdot \alpha + (-1)\beta$ から類推して、「3乗根」も見当がついたかもしれませんね。

3次方程式 $x^3 - 3px + q = 0$ の解なら、❺ですでに求めてあります。もちろんラグランジュは、知っていたどころではありません。

3次方程式の「解の公式」によると、解は $x = -b - c, -\omega b - \omega^2 c, -\omega^2 b - \omega c$ です。ここで「1, ω, ω^2」は「1の3乗根」です。また b, c は❺の通りです。

今から作る「3乗根」は、「$b, \omega b, \omega^2 b$」と「$c, \omega c, \omega^2 c$」です。「ω, ω^2」は1の3乗根なので、最終的に知りたいのは「b」と「c」です。ところが c は、b が決まると $bc = p$ より決まることから、実質的にはたった1つの「b」だけです。とはいえ、2次方程式の解を表す都合もあり、「c」も求めておくことにしましょう。

それでは $\alpha = -b - c, \beta = -\omega b - \omega^2 c, \gamma = -\omega^2 b - \omega c$ として、3乗根の「b」や「c」を、α, β, γ を用いて表すことにしましょ

⑪ 「逆」から見た3次方程式

う。ここで，$\omega^3 = 1$，$\omega^2 + \omega + 1 = 0$ です。

$$
\begin{array}{lll}
-b\ \ -c = \alpha & \rightarrow & -b\ \ -c = \alpha \\
-\omega b - \omega^2 c = \beta\ (\times \omega^2) & \rightarrow & -b - \omega c = \omega^2 \beta \\
-\omega^2 b - \omega c = \gamma\ (\times \omega) & \rightarrow & +\underline{)\ -b - \omega^2 c = \omega \gamma} \\
& & -3b = \alpha + \omega^2 \beta + \omega \gamma
\end{array}
$$

これで $-3b = \alpha + \omega^2 \beta + \omega \gamma$ と表されました。同じようにして $-3c = \alpha + \omega \beta + \omega^2 \gamma$ です。ここで両辺を -3 で割ってもよいのですが，($b' = -3b$, $c' = -3c$ として) $1\alpha + \omega^2 \beta + \omega \gamma$ ($= b'$) や $1\alpha + \omega \beta + \omega^2 \gamma$ ($= c'$) のまま話を進めることにします。このため，これから作る3次の二項方程式や2次の補助方程式は，❺とは異なってくるので注意してください。

$1\alpha + \omega^2 \beta + \omega \gamma$ や $1\alpha + \omega \beta + \omega^2 \gamma$ は，「ラグランジュの分解式」とよばれています。

さてこの2つを比べてみると，β と γ が置きかわっています。じつはこれらを3乗した b'^3，c'^3 は2次の補助方程式の解となっていて，この解 b'^3，c'^3 の置きかえが互換 $(\beta\gamma)$ で行われるのです。もっとも b'^3，c'^3 の置きかえは，(後で見てみますが) 互換 $(\alpha\beta)$，$(\gamma\alpha)$ でも行われます。つまり3つの互換が一致団結して，b'^3，c'^3 の置きかえを行っているのです。

さて2次方程式の解に出てくる「2乗根」は，解を α，β としたとき，$(\alpha - \beta)$ とこれに (-1) をかけた $-(\alpha - \beta)$ でした。しかもこの $-(\alpha - \beta)$ は，(-1) をかけなくても，$(\alpha - \beta)$ の α と β を置きかえて出てきました。

3章 ガロア群を見てみよう

　今回の3次方程式の解に出てくる「3乗根」は, 解を α, β, γ としたとき, 「$b' = 1\alpha + \omega^2\beta + \omega\gamma$, $c' = 1\alpha + \omega\beta + \omega^2\gamma$」($b' = -3b$, $c' = -3c$) としたときの「$b', \omega b', \omega^2 b'$」,「$c', \omega c', \omega^2 c'$」です。それでは「$\omega b', \omega^2 b'$」や「$\omega c', \omega^2 c'$」は, ω や ω^2 をかけなくても, $b' = 1\alpha + \omega^2\beta + \omega\gamma$ や $c' = 1\alpha + \omega\beta + \omega^2\gamma$ の α, β, γ を置きかえることで出てくるのでしょうか。

● 解の置換

　実際に α, β, γ を置きかえて $1\alpha + \omega^2\beta + \omega\gamma$ や $1\alpha + \omega\beta + \omega^2\gamma$ がどうなるのかを見ていくことにしましょう。まだまだ舞台裏の作業は続くのです。

　ここでは α, β, γ の置換を図で表すことにします。次の図を置換前のものとして, これから入れかわった結果で置換を図示するのです。ここで α, β, γ は時計回りに並べてあります。

　たとえば, 先ほどの $1\alpha + \omega^2\beta + \omega\gamma$ と $1\alpha + \omega\beta + \omega^2\gamma$ を入れかえる互換 $(\beta\gamma) = \begin{pmatrix} \alpha & \beta & \gamma \\ \alpha & \gamma & \beta \end{pmatrix}$ は, 次のような図で表します。もとの上図と比べると, β が γ に, γ が β に置きかわっています。

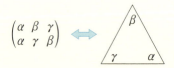

⓫ 「逆」から見た3次方程式

　α, β, γ の置換は，全部で $3! = 3 \times 2 \times 1 = 6$ 個あります。この6個の置換で，まずは $b' = \alpha + \omega^2 \beta + \omega \gamma$ の方がどうなるのかを順に見ていくことにしましょう。はたして3乗根「b', $\omega b'$, $\omega^2 b'$」が出てくるのでしょうか。置換は全部で6個あるのですが，残りの3個からは一体何が出てくるのでしょうか。（途中で $\omega^3 = 1$ を用いています。）

$$b' = \alpha + \omega^2 \beta + \omega \gamma \quad \rightarrow \quad \alpha + \omega^2 \beta + \omega \gamma = b'$$

$$b' = \alpha + \omega^2 \beta + \omega \gamma \quad \rightarrow \quad \beta + \omega^2 \gamma + \omega \alpha = \omega(\alpha + \omega^2 \beta + \omega \gamma) = \omega b'$$

$$b' = \alpha + \omega^2 \beta + \omega \gamma \quad \rightarrow \quad \gamma + \omega^2 \alpha + \omega \beta = \omega^2(\alpha + \omega^2 \beta + \omega \gamma) = \omega^2 b'$$

　ここまでの3個の置換では，3乗根「b', $\omega b'$, $\omega^2 b'$」が出てきました。3次の二項方程式 $t^3 = b'^3$ の解です。

　ところが残る3個の置換では，事態が少々異なってきます。そもそも残りの置換 $(\alpha\beta)$, $(\beta\gamma)$, $(\gamma\alpha)$（後で見てみるとした互換）は，解を頂点にくっつけた正三角形のコマを回しても出てこない置換なのです。

$$b' = \alpha + \omega^2 \beta + \omega \gamma \quad \rightarrow \quad \beta + \omega^2 \alpha + \omega \gamma = \omega^2(\alpha + \omega \beta + \omega^2 \gamma) = \omega^2 c'$$

149

$b' = \alpha + \omega^2\beta + \omega\gamma \quad \rightarrow \quad \alpha + \omega^2\gamma + \omega\beta$
$$= \alpha + \omega\beta + \omega^2\gamma$$
$$= c'$$

$b' = \alpha + \omega^2\beta + \omega\gamma \quad \rightarrow \quad \gamma + \omega^2\beta + \omega\alpha$
$$= \omega(\alpha + \omega\beta + \omega^2\gamma)$$
$$= \omega c'$$

残る 3 個の置換では（一致団結して），もう片方の 3 乗根「c', $\omega c'$, $\omega^2 c'$」が出てきました。3 次の二項方程式 $t^3 = c'^3$ の解です。

それでは今度は，そのもう片方の $c' = \alpha + \omega\beta + \omega^2\gamma$ について見ていきましょう。

$c' = \alpha + \omega\beta + \omega^2\gamma \quad \rightarrow \quad \alpha + \omega\beta + \omega^2\gamma$
$$= c'$$

$c' = \alpha + \omega\beta + \omega^2\gamma \quad \rightarrow \quad \beta + \omega\gamma + \omega^2\alpha$
$$= \omega^2(\alpha + \omega\beta + \omega^2\gamma)$$
$$= \omega^2 c'$$

$c' = \alpha + \omega\beta + \omega^2\gamma \quad \rightarrow \quad \gamma + \omega\alpha + \omega^2\beta$
$$= \omega(\alpha + \omega\beta + \omega^2\gamma)$$
$$= \omega c'$$

やはり正三角形のコマを回して出てくる 3 個の置換では，そのまま 3 乗根「c', $\omega c'$, $\omega^2 c'$」が出てきました。それでは，残りの置換 $(\alpha\beta)$, $(\beta\gamma)$, $(\gamma\alpha)$ ではどうでしょうか。

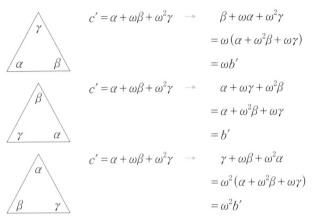

$$c' = \alpha + \omega\beta + \omega^2\gamma \quad \rightarrow \quad \beta + \omega\alpha + \omega^2\gamma$$
$$= \omega(\alpha + \omega^2\beta + \omega\gamma)$$
$$= \omega b'$$

$$c' = \alpha + \omega\beta + \omega^2\gamma \quad \rightarrow \quad \alpha + \omega\gamma + \omega^2\beta$$
$$= \alpha + \omega^2\beta + \omega\gamma$$
$$= b'$$

$$c' = \alpha + \omega\beta + \omega^2\gamma \quad \rightarrow \quad \gamma + \omega\beta + \omega^2\alpha$$
$$= \omega^2(\alpha + \omega^2\beta + \omega\gamma)$$
$$= \omega^2 b'$$

残りの置換では（一致団結して），もう一方の3乗根「b'，$\omega b'$，$\omega^2 b'$」が出てきました。

このことはガロアにとって，まさに棒の回転や鏡を見る思いがしたことでしょう。6個の置換が「2組」に分かれて，「b'，$\omega b'$，$\omega^2 b'$」と「c'，$\omega c'$，$\omega^2 c'$」の置きかえを行っているのです。つまり「b'^3」と「c'^3」の置きかえです。

ガウスの方程式 $x^{16} + x^{15} + \cdots\cdots + x + 1 = 0$ では，ガロア群が G_1 と $\overline{G}_1$ の「2組」に分かれました。部分群 G_1 の元は α_1，β_1 を不変とし，$\overline{G}_1$ の元は α_1 と β_1 を入れかえたのです。

それがここでも6個の置換が「2組」に分かれて，同じことをしているのです。一方の組は b'^3，c'^3 を不変とし，もう片方の組は b'^3 と c'^3 を入れかえるのです。

何はともあれ3次方程式の解 α，β，γ を用いて作った数 $b' = \alpha + \omega^2\beta + \omega\gamma$（または $c' = \alpha + \omega\beta + \omega^2\gamma$）から，解の置換で6個の数「$b'$，$\omega b'$，$\omega^2 b'$，$c'$，$\omega c'$，$\omega^2 c'$」が出てきました。この「$b'$，

3章 ガロア群を見てみよう

$\omega b'$, $\omega^2 b'$, c', $\omega c'$, $\omega^2 c'$」を解とする方程式を作れば，（ωは添加済みとし，c'は$bc=p$つまり$b'c'=9p$から出るので）これらの解はたった1つの解b'で表されているのです。しかもこの6次方程式の係数は，もとの3次方程式の係数を用いて表されているのです。α, β, γを置きかえると，解の「b', $\omega b'$, $\omega^2 b'$, c', $\omega c'$, $\omega^2 c'$」が入れかわるだけだからです。

● **補助方程式**(1)

それでは，これまでの舞台裏はいったん忘れて，いよいよ本番スタートです。

$x^3 - 3px + q = 0$のまだ何か分かっていない解をα, β, γとします。次にこのα, β, γを用いて，（「3乗根」となる予定の）$b' = \alpha + \omega^2 \beta + \omega \gamma$という数を作ります。さらに$\alpha$, β, γを置きかえて，b'から6個の数を出します。$c' = \alpha + \omega \beta + \omega^2 \gamma$とおくと，この6個の数は「$b'$, $\omega b'$, $\omega^2 b'$, c', $\omega c'$, $\omega^2 c'$」です。ここで，これらの数を解とする6次方程式を作ります。もとの「一般の3次方程式」を，その「特別な6次方程式」と取りかえて考察するのです。

$$(t-b')(t-\omega b')(t-\omega^2 b')(t-c')(t-\omega c')(t-\omega^2 c') = 0$$
$$(t^3 - b'^3)(t^3 - c'^3) = 0$$
$$t^6 - (B' + C')t^3 + B'C' = 0 \quad [B' = b'^3,\ C' = c'^3]$$

t^3をあらためてtとおくと，$t = B'$, C'を解とする2次の補助

⑪ 「逆」から見た3次方程式

方程式が出てきます。ここで, $B' = b'^3 = (\alpha + \omega^2\beta + \omega\gamma)^3$, $C' = c'^3 = (\alpha + \omega\beta + \omega^2\gamma)^3$ です。

$$t^2 - (B' + C')t + B'C' = 0 \quad [B' = b'^3, \ C' = c'^3]$$

ここまでをまとめると, 次のようになります。

〔3次方程式〕 $x^3 - 3px + q = 0$ $[x = \alpha, \ \beta, \ \gamma]$

〔6次方程式〕
$$(t - b')(t - \omega b')(t - \omega^2 b')(t - c')(t - \omega c')(t - \omega^2 c') = 0$$
$$[b' = \alpha + \omega^2\beta + \omega\gamma, \ c' = \alpha + \omega\beta + \omega^2\gamma]$$

〔補助方程式〕
$$t^2 - (B' + C')t + B'C' = 0 \quad [B' = b'^3, \ C' = c'^3]$$

それでは, $B' + C'$ と $B'C'$ を計算して (※後述), 補助方程式 $t^2 - (B' + C')t + B'C' = 0$ が $t^2 + 27qt + 27^2 p^3 = 0$ と求まったとして話を続けましょう。

この補助方程式 $t^2 + 27qt + 27^2 p^3 = 0$ を解いて, 解の B', C' を求めます。この B', C' は根号 $\sqrt{}$ を用いて表されます。

次に3次の二項方程式 $t^3 = B'$, $t^3 = C'$ を解いて, その解を求めます。これらの解は根号 $\sqrt[3]{}$ (と1の3乗根 ω) を用いて表されます。

〔二項方程式〕 $t^3 = B'$ $[t = b', \ \omega b', \ \omega^2 b']$
$t^3 = C'$ $[t = c', \ \omega c', \ \omega^2 c']$

ここまでで求まったのは, あくまでも取りかえた方の6次方程

式の解です。$b' = \alpha + \omega^2\beta + \omega\gamma$, $c' = \alpha + \omega\beta + \omega^2\gamma$ としたとき，$t =$ b', $\omega b'$, $\omega^2 b'$, c', $\omega c'$, $\omega^2 c'$ の6個が求まったのです。この b' や c' が根号（$\sqrt{}$ や $\sqrt[3]{}$）を用いて表されたのです。（ω も $\sqrt{}$ を用いて表されます。）

● **3次方程式の解の公式**

それでは，もとの3次方程式の解 $x = \alpha$, β, γ を求めましょう。そもそも α, β, γ が逆にこの6次方程式の解を用いて表されないことには，話になりません。

この先に用いる $\alpha + \beta + \gamma = 0$ は，$x^3 - 3px + q = (x-\alpha)(x-\beta)(x-\gamma)$ において，x^2 の係数を比較したものです。（仮に0でなくても，係数から求まる数です。）また ω は $x^2 + x + 1 = 0$ の解なので，$\omega^2 + \omega + 1 = 0$ です。

$$\begin{aligned}
\alpha + \beta + \gamma &= 0 \\
\alpha + \omega^2\beta + \omega\gamma &= b' \\
+)\ \alpha + \omega\beta + \omega^2\gamma &= c' \\
\hline
3\alpha &= b' + c' \\
\alpha &= \frac{b' + c'}{3}
\end{aligned}$$

もちろん，β や γ を出すために，同じことを繰り返す必要はありません。上記を1行にまとめると，次のようになります。

$$\alpha = \frac{(\alpha+\beta+\gamma) + (\alpha+\omega^2\beta+\omega\gamma) + (\alpha+\omega\beta+\omega^2\gamma)}{3} = \frac{b'+c'}{3}$$

ここで，α を β に，β を γ に，γ を α に置きかえます。

⓫「逆」から見た3次方程式

$$\beta = \frac{(\beta+\gamma+\alpha)+(\beta+\omega^2\gamma+\omega\alpha)+(\beta+\omega\gamma+\omega^2\alpha)}{3} \quad \cdots ①$$

$$= \frac{(\alpha+\beta+\gamma)+\omega(\alpha+\omega^2\beta+\omega\gamma)+\omega^2(\alpha+\omega\beta+\omega^2\gamma)}{3}$$

$$= \frac{\omega b' + \omega^2 c'}{3}$$

もっとも、α を β に、β を α に（γ はそのまま）置きかえても出てきます。

$$\beta = \frac{(\beta+\alpha+\gamma)+(\beta+\omega^2\alpha+\omega\gamma)+(\beta+\omega\alpha+\omega^2\gamma)}{3}$$

$$= \frac{(\alpha+\beta+\gamma)+\omega^2(\alpha+\omega\beta+\omega^2\gamma)+\omega(\alpha+\omega^2\beta+\omega\gamma)}{3}$$

$$= \frac{\omega^2 c' + \omega b'}{3}$$

そもそも α, β, γ の置きかえで b' や c' がどうなるかは、舞台裏（p.149〜p.151）で確認済みなのです。

（舞台裏を確認するのが面倒なら）β を出す①の式で、さらに β を γ、γ を α、α を β に置きかえます。

$$\gamma = \frac{(\gamma+\alpha+\beta)+(\gamma+\omega^2\alpha+\omega\beta)+(\gamma+\omega\alpha+\omega^2\beta)}{3}$$

$$= \frac{(\alpha+\beta+\gamma)+\omega^2(\alpha+\omega^2\beta+\omega\gamma)+\omega(\alpha+\omega\beta+\omega^2\gamma)}{3}$$

$$= \frac{\omega^2 b' + \omega c'}{3}$$

3章 ガロア群を見てみよう

途中で出てきた次の式は，そもそも恒等式なのです。

$$\alpha = \frac{(\alpha+\beta+\gamma)+(\alpha+\omega^2\beta+\omega\gamma)+(\alpha+\omega\beta+\omega^2\gamma)}{3}$$

$$\beta = \frac{(\alpha+\beta+\gamma)+\omega(\alpha+\omega^2\beta+\omega\gamma)+\omega^2(\alpha+\omega\beta+\omega^2\gamma)}{3}$$

$$\gamma = \frac{(\alpha+\beta+\gamma)+\omega^2(\alpha+\omega^2\beta+\omega\gamma)+\omega(\alpha+\omega\beta+\omega^2\gamma)}{3}$$

もとの3次方程式の解は，(これまでの議論とは関係なく) 取りかえた6次方程式の解を用いて，次のように表されているのです。

$$x = \frac{b'+c'}{3}, \ \frac{\omega b'+\omega^2 c'}{3}, \ \frac{\omega^2 b'+\omega c'}{3}$$

これまで確認してきたことは，(取りかえた6次方程式から補助方程式が作られて) b' や c' が根号を用いて表されるということです。

これらの解は b' と c' を用いているため，❺の解とは見かけが異なります。舞台裏で見たように，じつは $b'=-3b$, $c'=-3c$ となっているのです。b, c を用いれば，上記の解は $x=-b-c$, $-\omega b-\omega^2 c$, $-\omega^2 b-\omega c$ となり，❺と同一です。

$$x = -b-c, \ -\omega b-\omega^2 c, \ -\omega^2 b-\omega c$$
$$[b'=-3b, \ c'=-3c]$$

● 補助方程式(2)

いくら理屈の上では可能といわれても，実際に「解と係数の関係」を用いて，$B'+C'$ や $B'C'$ を計算するのは大変なことです。でも結果だけなら簡単に分かります。❺で，すでに補助方程式を求めてあるからです。もちろん補助方程式そのものが同一かどうかは定かではありません。でも，$b'=-3b$, $c'=-3c$ という関係で結ばれているのです。

〔補助方程式〕 $t^2-qt+p^3=0$ 〔$t=b^3,\ c^3$〕

$b'=-3b$
$c'=-3c$

〔補助方程式〕 $t^2-(B'+C')t+B'C'=0$ 〔$t=b'^3,\ c'^3$〕
$$b'=\alpha+\omega^2\beta+\omega\gamma,\ c'=\alpha+\omega\beta+\omega^2\gamma$$
$$B'=b'^3,\ C'=c'^3$$

$t^2-(B'+C')t+B'C'=0$ の $B'+C'$ や $B'C'$ は，次のようになります。これはあくまでも，もとの3次方程式を $x^3-3px+q=0$ とした場合です。x の係数を $+p$ ではなく $-3p$ としていることに注意してください。また $t=b^3,\ c^3$ は（❺の）補助方程式 $t^2-qt+p^3=0$ の解で，「解と係数の関係」より $b^3+c^3=q,\ b^3c^3=p^3$ となっています。

$$B'+C'=b'^3c'^3=(-3b)^3+(-3c)^3=-27(b^3+c^3)=-27q$$
$$B'C'=b'^3c'^3=(-3b)^3(-3c)^3=27^2b^3c^3=27^2p^3$$

3章 ガロア群を見てみよう

これで $t^2 - (B' + C')t + B'C' = 0$ は $t^2 + 27qt + 27^2 p^3 = 0$ と分かりました。

> 〔補助方程式〕 $t^2 - qt + p^3 = 0$ 〔$t = b^3,\ c^3$〕

⇕

> 〔補助方程式〕
> $t^2 + 27qt + 27^2 p^3 = 0$ 〔$t = (-3b)^3,\ (-3c)^3$〕
> 〔$-3b = \alpha + \omega^2\beta + \omega\gamma,\ -3c = \alpha + \omega\beta + \omega^2\gamma$〕

もしこの補助方程式の見かけも同じにしたいなら,下の方の補助方程式の t を $-T$ に置きかえてから,両辺を 27^2 で割ればよいのです。

$(-T)^2 + 27q(-T) + 27^2 p^3 = 0$ 〔$-T = (-3b)^3,\ (-3c)^3$〕

$\left(\dfrac{T}{27}\right)^2 - q\left(\dfrac{T}{27}\right) + p^3 = 0$ 〔$T = 27b^3,\ 27c^3$〕

〔$\dfrac{T}{27} = b^3,\ c^3$〕

あらためて $t = \dfrac{T}{27}$ とおくと,見かけも上の方と同じ補助方程式となります。

$t^2 - qt + p^3 = 0$ 〔$t = b^3,\ c^3$〕

● 差積

3次方程式の解法では,その解 $x = \alpha,\ \beta,\ \gamma$ を用いて作られた「差積」$(\alpha - \beta)(\beta - \gamma)(\gamma - \alpha)$ に言及するのが通常です。この差積

⓫「逆」から見た3次方程式

は「2つの解の差」を全部かけあわせた数ですが，α, β, γ があいまいなため，差積は±1のちがいをのぞいてしか定まりません。

さて，ラグランジュの分解式は「3乗根」でした。それでは，同じく解 α, β, γ から作られたこの差積は，いったい何なのでしょうか。

じつは「2乗根」です。このことは差積を x とおき，2乗して $x^2 = (差積)^2$ とすれば分かります。「差積」そのものは解の置きかえで符号（「＋」「－」）が変わることはあっても，$(差積)^2$ は不変です。解の置換で不変ということは，$(差積)^2$ はもとの3次方程式の係数から求まるということです。差積は「2乗根」，つまり2次の二項方程式 $x^2 = a$ の解の $\sqrt{a}$ や $-\sqrt{a}$ なのです。

2次方程式の場合は，「差積」は単なる「差」$(\alpha - \beta)$ となります。ここで α, β は2次方程式の解です。これについては，すでに見てきました。2次方程式 $x^2 + bx + c = 0$（x^2 の係数は1）を二項方程式 $t^2 = a$ に帰着させた場合，$t^2 = (\alpha - \beta)^2$ となったのです。「差（積）」$(\alpha - \beta)$ は，$t^2 = a$ としたときの $\sqrt{a}$ や $-\sqrt{a}$ でした。

「差積」は一般の n 次方程式でも定義されます。「2つの解の差」を全部かけあわせた数とするのです。このときも，差積は±1のちがいをのぞいてしか定まりません。$(差積)^2$ は解の置換で不変なことから，n 次方程式の係数から求まります。何次方程式でも，$t^2 = (差積)^2$ という2次の補助方程式なら作られるということです。差積は2乗根，つまり $x^2 = a$ の解 $\sqrt{a}$ や $-\sqrt{a}$ にあたる数です。ただし個々の方程式では，$\sqrt{a}$ のルートがはずれないという保証はありません。

3章 ガロア群を見てみよう

● 偶置換・奇置換

「ラグランジュの分解式」を通して，解の置換は「2組」に分けられました。その結果，「2次」の補助方程式が作られたのです。

じつは「2次」の二項方程式が作られる「差積」も，解の置換を「2組」に分けるフィルターの役目をはたします。さて同じ「2組」ですが，その中身はどうなのでしょうか。これから見ていくことにしましょう。

解の置換を差積 $(\alpha-\beta)(\beta-\gamma)(\gamma-\alpha)$ にほどこすと，3つの積の順序が入れかわることはあっても，全体としては変わりません。ただ，もとの差積と符号（「+」「−」）が変わることはあります。そこで，符号を変えるか否かで「2組」に分けるのです。差積を変えない方は「偶置換」，変える方は「奇置換」とよばれています。

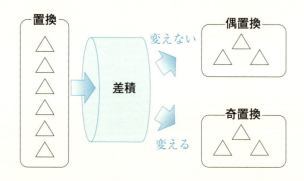

この「偶置換」「奇置換」という名称の由来は，「互換」の個数です。最終節で置換を互換の積に表しますが，問題は互換の積に表す仕方は1通りではないということです。でも，互換の個数が偶数個か奇数個かは決まってきます。それはなぜでしょうか。

このことは，差積に「互換」をほどこしてみれば分かります。互換を1つほどこすと，差積の符号が変わるのです。たとえば，差積 $(\alpha-\beta)(\beta-\gamma)(\gamma-\alpha)$ に互換 $(\alpha\beta)$ をほどこすと $(\beta-\alpha)(\alpha-\gamma)(\gamma-\beta) = -(\alpha-\beta)(\beta-\gamma)(\gamma-\alpha)$ となって符号が変わります。このことは，3次方程式の差積でなくても同じことです。差積の中の α と β に関わる「差」には，$(\alpha-\beta)$ の他に $(\gamma_1-\alpha)(\gamma_1-\beta)$ や $(\alpha-\gamma_2)(\gamma_2-\beta)$ などがありますが，$(\alpha-\beta)$ の他は変化しないのです。

もちろん差積に解の置換をほどこすと符号が変化するか否かは，（やってみれば分かることで）互換うんぬんとは無関係です。

これらのことから，互換の個数が偶数個となるか奇数個となるかは，互換の積に表す方法とは無関係に決まってくるというわけです。

このことが分かってしまえば，実際上は「差積」というフィルターを通すのではなく，互換の積に表してみて，偶数個か奇数個かを数えるだけとなってきます。

じつは解を頂点にくっつけた正三角形のコマでは，コマを回して出てくる置換が「偶置換」，出てこない置換が「奇置換」となっています。つまり「2組」の中身は同一となっているのです。

● 判別式

3次方程式の「差積」$(\alpha-\beta)(\beta-\gamma)(\gamma-\alpha)$ にもどりましょう。

「差積」を用いると，「2次の二項方程式」が作られます。3次方程式の解法の中で出てきた2次の補助方程式からも，（平方完成で）「2次の二項方程式」が作られます。気になるのは，この

2つの2次の二項方程式が同一かどうかです。

これからこのことを見ていきますが、気にならなければ飛ばしても何らさしつかえありません。

さて2次の補助方程式の解は、$B' = b'^3$, $C' = c'^3$ でした。二項方程式に帰着させるために、$\alpha - \beta$ に相当する $B' - C' = b'^3 - c'^3$ を計算してみます。すると、（途中の計算は省略して）結果は次のようになります。

$$\begin{aligned}
B' - C' &= b'^3 - c'^3 \\
&= (\alpha + \omega^2 \beta + \omega \gamma)^3 - (\alpha + \omega \beta + \omega^2 \gamma)^3 \\
&= (\omega^2 - \omega)(\omega - 1)(1 - \omega^2)(\alpha - \beta)(\beta - \gamma)(\gamma - \alpha)
\end{aligned}$$

差積 $(\alpha - \beta)(\beta - \gamma)(\gamma - \alpha)$ と、補助方程式を二項方程式 $x^2 = a$ に帰着させた場合の $\sqrt{a}$ や $-\sqrt{a}$ とは、定数 $(\omega^2 - \omega)(\omega - 1)(1 - \omega^2)$ のちがいがあるだけです。

補助方程式を二項方程式 $x^2 = a$（a は上記の $(B' - C')$ の2乗）に帰着させると、（$\{(\omega^2 - \omega)(\omega - 1)(1 - \omega^2)\}^2$ を計算して）次のようになります。

〔補助方程式〕 $t^2 + 27qt + 27^2 p^3 = 0$ 〔$t = B'$, C'〕

$$\begin{bmatrix} b' = \alpha + \omega^2 \beta + \omega \gamma, \ c' = \alpha + \omega \beta + \omega^2 \gamma \\ B' = b'^3, \ C' = c'^3 \end{bmatrix}$$

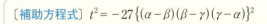

〔補助方程式〕 $t^2 = -27\{(\alpha - \beta)(\beta - \gamma)(\gamma - \alpha)\}^2$

⓫ 「逆」から見た 3 次方程式

$t^2 = \{(\alpha-\beta)(\beta-\gamma)(\gamma-\alpha)\}^2$（差積から作られた二項方程式）とは -27 倍のちがいが出てきました。$\sqrt{}$ がはずれるかどうかという点では -3 のちがいが生じたのです。もっともあらかじめ $\omega = \dfrac{-1+\sqrt{3}\,i}{2}$ を添加することで，この差は解消されます。

最後に，**判別式** $D = \{(\alpha-\beta)(\beta-\gamma)(\gamma-\alpha)\}^2$（「差積の 2 乗」）を求めてみましょう。

上記の $t^2 = -27\{(\alpha-\beta)(\beta-\gamma)(\gamma-\alpha)\}^2$ は $t^2 = (B'-C')^2$ です。つまり $-27D = (B'-C')^2$ です。このことから D を求めるのです。ここで「解と係数の関係」より，$B' + C' = -27q$，$B'C' = 27^2 p^3$ です。

$$
\begin{aligned}
-27D &= (B'-C')^2 \\
&= (B'+C')^2 - 4B'C' \\
&= (-27q)^2 - 4 \cdot 27^2 p^3 \\
D &= -27q^2 + 4 \cdot 27 p^3 \\
D &= 27(4p^3 - q^2)
\end{aligned}
$$

判別式 $D = \{(\alpha-\beta)(\beta-\gamma)(\gamma-\alpha)\}^2$ は，$D = 27(4p^3-q^2)$ と求まりました。ただし，もとの方程式を $x^3 - 3px + q = 0$ とした場合です。x の係数は $+p$ ではなく $-3p$ です。

> $x^3 - 3px + q = 0$ の解を $\alpha,\ \beta,\ \gamma$ としたとき
> **判別式** $D = \{(\alpha-\beta)(\beta-\gamma)(\gamma-\alpha)\}^2 = 27(4p^3 - q^2)$

3章 ガロア群を見てみよう

ラグランジュの分解式って，裏で計算しなくても，5次方程式なら $V_1 = \alpha + \zeta^4\beta + \zeta^3\gamma + \zeta^2\delta + \zeta\varepsilon$ を作ればいいと思うわ。ζ は1の5乗根で，α, β, γ, δ, ε は5次方程式の解よ。

そうだね。このラグランジュの p 乗根を作るアイディアは，僕も参考にしたよ。

補助方程式だって作れるわ。$V_1 = \alpha + \zeta^4\beta + \zeta^3\gamma + \zeta^2\delta + \zeta\varepsilon$ から，解の置換で「$V_1, \zeta V_1, \zeta^2 V_1, \zeta^3 V_1, \zeta^4 V_1$」「$V_2, \cdots\cdots$」「$V_3, \cdots\cdots$」$\cdots\cdots$が出来てくるから，5個ずつまとめればいいのよ。

5次方程式ともなると，解の置換は全部で $5! = 5 \cdot 4 \cdot 3 \cdot 2 \cdot 1 = 120$ 個もあるんだよ。5個ずつまとめても，$4 \cdot 3 \cdot 2 \cdot 1 = 24$ 個だよ。5次方程式の補助方程式が24次だなんて，ばかげているよ。

コラム **IV**

3次方程式の還元不能な場合

2乗すると -1 になる数「i」($\sqrt{-1}$)が，3次方程式の解法から出てきたことは有名な話ですね。でもそれは，いったいどういうことだったのでしょうか。

それでは，コラム❶で出てきた次の式①を用いて，

$$x^3 = 3uv\ x + u^3 + v^3 \quad \cdots\cdots ①$$

次のような3次方程式を解いてみましょう。

$$x^3 = 15x + 4 \quad \cdots\cdots ②$$

でもこの程度の方程式なら，まずは x に定数項4の（正の）約数1，2，4を順に入れてためしてみますね。

$$1 \neq 15 \times 1 + 4$$
$$8 \neq 15 \times 2 + 4$$
$$64 = 15 \times 4 + 4$$

うまい具合に，$x=4$ と解の1つが求まりました。

問題はここからです。この $x=4$ は，はたしてコラム❶の方法で求まってくるのでしょうか。

まずは式①と式②の係数を比較すると，次のようになります。

$$3uv = 15 \quad \rightarrow \quad uv = 5 \quad \rightarrow \quad u^3 v^3 = 125$$
$$u^3 + v^3 = 4$$

これで u^3 と v^3 を解とする，次の2次方程式を解くことに帰着

column

されました。

$$t^2 - 4t + 125 = 0 \quad \cdots\cdots ③$$

ここで p.101 の解の公式 $x = -b' \pm \sqrt{b'^2 - c}$ を用いると，何と行き詰まってしまいます。

$$t = 2 \pm \sqrt{4 - 125}$$
$$= 2 \pm \sqrt{-121}$$

このように，解のルートの中がマイナスになる場合は，「還元不能な場合」とよばれてきました。

この窮地を打破したのが，数学者ボンベリです。2乗すると -1 になる数 $\sqrt{-1}$ を便宜上用い，数の間の計算規則を決め，みごとに解決をはかったのです。

まずは $u = a + b\sqrt{-1}$, $v = a - b\sqrt{-1}$ とおき，a, b を求めます。$uv = 5$ から $(a + b\sqrt{-1})(a - b\sqrt{-1}) = 5$，つまり $a^2 + b^2 = 5$ となるので，$a = 2$, $b = 1$ と見当をつけてやってみると，うまい具合に $(2 + \sqrt{-1})^3 = 2 + 11\sqrt{-1}(2 + \sqrt{-121})$, $(2 - \sqrt{-1})^3 = 2 - 11\sqrt{-1}(2 - \sqrt{-121})$ が成り立ちます。

そこで $u = 2 + \sqrt{-1}$, $v = 2 - \sqrt{-1}$ とすると，$x = u + v = (2 + \sqrt{-1}) + (2 - \sqrt{-1}) = 4$ となります。あらかじめ求めた解の1つ $x = 4$ が，無事出てきたというわけです。

12　3次方程式のガロア群

　引き算は順序を入れかえられない，と思っていませんか。確かに $3-2 \neq 2-3$ です。たし算，かけ算が，$2+3=3+2$，$2\times3=3\times2$ であるのとは大ちがいです。でも負の数の導入以来，じつは引き算はたし算に吸収されていたのです。しっかりと交換できて，$3+(-2)=(-2)+3$ となっています。

　ところがこれから見ていく演算は，本当に交換できないのです。順序はどうでもよいという考えを，頭から剥ぎ落とす必要があるのです。そんな例として，「あみだくじ」を見てみましょう。じつは「あみだくじ」は「解の置換」と同一なのですが，これについてはまた後の章で見てみることにします。

　σ, τ を次のようなあみだくじとします。

$$\sigma = \quad , \quad \tau =$$

ここで「$\sigma\tau$」という演算を，σ の下に τ をつなげることとします。

$$\sigma\tau = \quad , \quad \tau\sigma =$$

すると左端の行き先を見ても分かるように，$\sigma\tau \neq \tau\sigma$ となっていて交換できません。ただし2つの「あみだくじ」が等しいのは，

3章 ガロア群を見てみよう

行き先が全部同じときとします。

0や1に相当する「単位元」は，(結果的に) そのままの「e」です。

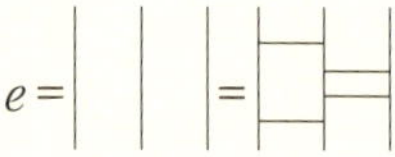

$$e = \mid\mid\mid = \boxed{}$$

2に対する-2や$\frac{1}{2}$に相当するσの「逆元」は，逆にゴールからスタートにもどるσ^{-1}となってきます。$\sigma\sigma^{-1} = \sigma^{-1}\sigma = e$です。

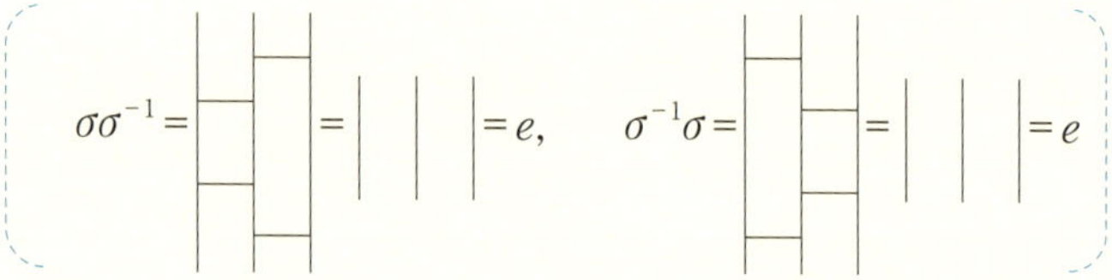

$$\sigma = \boxed{} \iff \sigma^{-1} = \boxed{}$$

$$\left(\sigma\sigma^{-1} = \boxed{} = \mid\mid\mid = e,\quad \sigma^{-1}\sigma = \boxed{} = \mid\mid\mid = e\right)$$

さてガウスの方程式の「解の置換」は，回転と同一視されて交換できましたね。それでは3次方程式の「解の置換」は，どうなっているのでしょうか。

● 3次の対称群 S_3

ラグランジュの成果から，どんなことが見えてきましたか。何とガロアは，「方程式の話」が「群の話」にすっかり置きかえられると見抜いてしまったのです。これから3次方程式の解法を通して，このことを見ていくことにしましょう。

3次方程式の解を$x = \alpha, \beta, \gamma$としたとき，この「解の置換」は前節で見てきました。次の図からどう置きかわったか，という

結果で図示してきたのです。

全部で $3! = 3 \times 2 \times 1 = 6$ 個ある α, β, γ の置換は，次のようなものです。

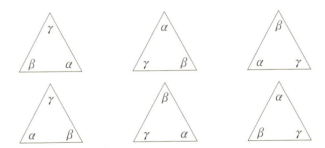

❿で見てきたように，「解の置換」という操作には，続けて行うという「演算」が自然に入ります。

たとえば $\sigma = \begin{pmatrix} \alpha & \beta & \gamma \\ \beta & \gamma & \alpha \end{pmatrix}$, $\tau = \begin{pmatrix} \alpha & \beta & \gamma \\ \beta & \alpha & \gamma \end{pmatrix} = (\alpha\beta)$ としたとき，「$\sigma\tau$」を最初に σ で置きかえてから，続けて τ で置きかえることとします。この演算の順序は，逆に決めている書籍もあるので注意してください。ここでは，左から右に見ていくことにします。

解の置換を結果で図示すると，$\sigma\tau$ は次の図になります。

$$\sigma\tau = \begin{pmatrix} \alpha & \beta & \gamma \\ \alpha & \gamma & \beta \end{pmatrix} = (\beta\gamma)$$

$\alpha,\ \beta,\ \gamma$の置換の集合は，この演算で群をなします。続けて行うという演算で，また6個の置換の中のどれかになるのです。α, β, γの3文字の置換からなるこの群は，「3次の対称群 S_3」とよばれています。

対称群 S_3 は，どれか1つの置換から，演算を繰り返すことで出来てくるわけではありません。つまり「巡回群」ではないのです。演算を繰り返すと，どれも1回か2回か3回で恒等置換となってしまい，6個全部は生じないのです。

じつは S_3 は，「巡回群」どころか「アーベル群」でさえありません。アーベル群というのは，いつでも演算の順序を入れかえられる群のことでしたね。ところが，$\sigma\tau$ と $\tau\sigma$ を比べても，異なる置換となっているのです。

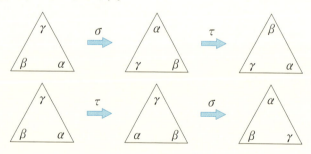

● ガロア群

ラグランジュは一般の3次方程式を，その解から作られた特別

⑫ 3次方程式のガロア群

な6次方程式 $(t-b')(t-\omega b')(t-\omega^2 b')(t-c')(t-\omega c')(t-\omega^2 c')=0$ と取りかえました。それでは，この6次方程式の解の置換はどうなっているのでしょうか。はたして，もとの3次方程式のガロア群である対称群 S_3 と同一なのでしょうか。

解「b', $\omega b'$, $\omega^2 b'$, c', $\omega c'$, $\omega^2 c'$」の行き先（何に置きかえるか）は，（ω を添加して係数と同様に扱うと）b' の行き先だけで決まってしまいます。c' の行き先は，$bc=p$ ($b'=-3b$, $c'=-3c$) という関係にしばられているため，b' の行き先から決まってくるのです。このため，次のようになっていたのです。

$$bc=p, \quad (\omega b)(\omega^2 c)=p, \quad (\omega^2 b)(\omega c)=p$$

⬇

$$b'c'=9p, \quad (\omega b')(\omega^2 c')=9p, \quad (\omega^2 b')(\omega c')=9p$$

この「6次」方程式の解の置換は，b' の行き先が「b', $\omega b'$, $\omega^2 b'$, c', $\omega c'$, $\omega^2 c'$」で決まる「6個」です。

置換① $x=b'$, $\omega b'$, $\omega^2 b'$, c', $\omega c'$, $\omega^2 c'$

置換② $x=b'$, $\omega b'$, $\omega^2 b'$, c', $\omega c'$, $\omega^2 c'$

〃

〃

置換⑥ $x=b'$, $\omega b'$, $\omega^2 b'$, c', $\omega c'$, $\omega^2 c'$

しかもこれらの置換は，3次方程式の解の置換と以下のように対応してくるのです。

たとえば「置換②」は，b' の行き先が $\omega b'$ から決まる置換です。このとき c' の行き先は，先ほどの関係 $((\omega b')(\omega^2 c') = 9p)$ から $\omega^2 c'$ となっています。

置換② $x = b',\ \omega b',\ \omega^2 b',\ c',\ \omega c',\ \omega^2 c'$

$$\begin{pmatrix} b' & \omega b' & \omega^2 b' & c' & \omega c' & \omega^2 c' \\ \omega b' & \omega(\omega b') & \omega^2(\omega b') & \omega^2 c' & \omega(\omega^2 c') & \omega^2(\omega^2 c') \end{pmatrix}$$

$$= \begin{pmatrix} b' & \omega b' & \omega^2 b' & c' & \omega c' & \omega^2 c' \\ \omega b' & \omega^2 b' & b' & \omega^2 c' & c' & \omega c' \end{pmatrix}$$

これに対応するもとの3次方程式の置換は，次のように考えていきます。

$$\alpha = \frac{b' + c'}{3},\quad \beta = \frac{\omega b' + \omega^2 c'}{3},\quad \gamma = \frac{\omega^2 b' + \omega c'}{3}$$

$$\alpha = \frac{b' + c'}{3} \quad \rightarrow \quad \frac{\omega b' + \omega^2 c'}{3} = \beta$$

$$\beta = \frac{\omega b' + \omega^2 c'}{3} \quad \rightarrow \quad \frac{\omega^2 b' + \omega c'}{3} = \gamma$$

$$\gamma = \frac{\omega^2 b' + \omega c'}{3} \quad \rightarrow \quad \frac{b' + c'}{3} = \alpha$$

つまり $\begin{pmatrix} \alpha & \beta & \gamma \\ \beta & \gamma & \alpha \end{pmatrix}$ が対応するのです。

同じようにして，じつは次のように対応しています。

⑫ 3次方程式のガロア群

$$\begin{pmatrix} \boxed{b'} & \omega b' & \omega^2 b' & \boxed{c'} & \omega c' & \omega^2 c' \\ b' & \omega b' & \omega^2 b' & c' & \omega c' & \omega^2 c' \end{pmatrix} \iff \begin{pmatrix} \alpha & \beta & \gamma \\ \alpha & \beta & \gamma \end{pmatrix}$$

$$\begin{pmatrix} \boxed{b'} & \omega b' & \omega^2 b' & \boxed{c'} & \omega c' & \omega^2 c' \\ \omega b' & \omega^2 b' & b' & \boxed{\omega^2 c'} & c' & \omega c' \end{pmatrix} \iff \begin{pmatrix} \alpha & \beta & \gamma \\ \beta & \gamma & \alpha \end{pmatrix}$$

$$\begin{pmatrix} \boxed{b'} & \omega b' & \omega^2 b' & \boxed{c'} & \omega c' & \omega^2 c' \\ \omega^2 b' & b' & \omega b' & \boxed{\omega c'} & \omega^2 c' & c' \end{pmatrix} \iff \begin{pmatrix} \alpha & \beta & \gamma \\ \gamma & \alpha & \beta \end{pmatrix}$$

$$\begin{pmatrix} \boxed{b'} & \omega b' & \omega^2 b' & \boxed{c'} & \omega c' & \omega^2 c' \\ c' & \omega c' & \omega^2 c' & b' & \omega b' & \omega^2 b' \end{pmatrix} \iff \begin{pmatrix} \alpha & \beta & \gamma \\ \alpha & \gamma & \beta \end{pmatrix}$$

$$\begin{pmatrix} \boxed{b'} & \omega b' & \omega^2 b' & \boxed{c'} & \omega c' & \omega^2 c' \\ \boxed{\omega c'} & \omega^2 c' & c' & \boxed{\omega^2 b'} & b' & \omega b' \end{pmatrix} \iff \begin{pmatrix} \alpha & \beta & \gamma \\ \gamma & \beta & \alpha \end{pmatrix}$$

$$\begin{pmatrix} \boxed{b'} & \omega b' & \omega^2 b' & \boxed{c'} & \omega c' & \omega^2 c' \\ \omega^2 c' & c' & \omega c' & \omega b' & \omega^2 b' & b' \end{pmatrix} \iff \begin{pmatrix} \alpha & \beta & \gamma \\ \beta & \alpha & \gamma \end{pmatrix}$$

ガロアは個々の「方程式の群」，つまり方程式のガロア群を構成する際に，取りかえた方程式の解の置換を利用しました。それは「置換②」を用いて，もとの方程式の解の置換 $\begin{pmatrix} \alpha & \beta & \gamma \\ \beta & \gamma & \alpha \end{pmatrix}$ を作り出す，というようなものだったのです。このような形で，取りかえた方程式の「次数」と等しい「位数」（解の置換の個数）をもつガロア群を構成したのです。いよいよ「方程式の話」と「群の話」の始まりとなるのです。

ガロアが構築したガロア理論は，方程式の取りかえといい，その解の置換を利用したガロア群の構成といい，（さらりと書かれてはいるものの）やっかいな関門が随所に控えています。それらは現代的に扱うことで難所を乗り越えた他書に譲ることにして，

3章 ガロア群を見てみよう

ここでは引き続き3次方程式の解法という具体例を通して見ていくことにしましょう。

● 数の添加と部分群

さて、こちらは取りかえた方の「6次」方程式です。すべての解が、たった1つの解 b' で表されています。c' も、$b'c' = 9p$ より b' で表されているのです。

$$(t-b')(t-\omega b')(t-\omega^2 b')(t-c')(t-\omega c')(t-\omega^2 c') = 0$$
$$(t^3 - b'^3)(t^3 - c'^3) = 0$$

$$\boxed{t^6 - (B' + C')t^3 + B'C' = 0 \quad [B' = b'^3, \ C' = c'^3]}$$

上の式で t^3 を改めて t とおいたものが、B', C' を解とする2次の補助方程式です。

$$\boxed{t^2 - (B' + C')t + B'C' = 0 \quad \text{(補助方程式)}}$$

ここで係数の $B' + C'$, $B'C'$ は、もとの3次方程式の係数を用いて表されています。α, β, γ の置きかえで、6次方程式の解「b', $\omega b'$, $\omega^2 b'$, c', $\omega c'$, $\omega^2 c'$」が入れかわるだけだからです。

さて、「方程式の話」の方では、補助方程式の解である B', C'（実質的には B'）を添加することで、新たな分解が引き起こされました。

⓬ 3次方程式のガロア群

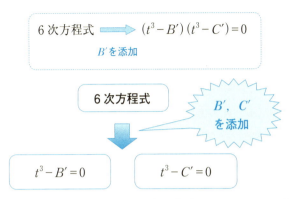

それでは「群の話」の方では，何が起きているのでしょうか。

ガロアは，（この6次方程式の解の置換群と同一視される）対称群 S_3 の方でも，同じような分解が起きていることを見抜いたのです。

前節（p.149〜p.151）では，対称群 S_3 が「2組」に分解することを見てきました。「B', C' を不変にする置換」と「B' と C' 入れかえる置換」の「2組」です。ここで，「$b' \cdot \omega b' \cdot \omega^2 b' = \omega^3 b'^3 = b'^3 = B'$」，「$c' \cdot \omega c' \cdot \omega^2 c' = \omega^3 c'^3 = c'^3 = C'$」です。

$[b' \rightarrow b', \ c' \rightarrow c']$
$[b' \rightarrow \omega b', \ c' \rightarrow \omega^2 c']$
$[b' \rightarrow \omega^2 b', \ c' \rightarrow \omega c']$

$[b' \rightarrow \omega^2 c', \ c' \rightarrow \omega b']$
$[b' \rightarrow c', \ c' \rightarrow b']$
$[b' \rightarrow \omega c', \ c' \rightarrow \omega^2 b']$

6次方程式の解の置換でいうならば，まさしく b' の行き先が「b', $\omega b'$, $\omega^2 b'$」となる置換と「c', $\omega c'$, $\omega^2 c'$」となる置換の「2組」に分かれたのです。

175

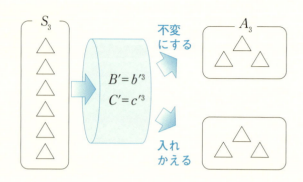

「B', C' を不変にする置換」は群をなします。続けて行っても，やはり B', C' を不変にするからです。対称群 S_3 のこの部分群は「3次の交代群 A_3」とよばれています。こちらは，解を頂点にくっつけた正三角形のコマを回して出てくる方の置換です。

結局のところ「群の話」の方では，対称群 S_3 の交代群 A_3 による「2組」への組分け（剰余類への類別）が起きていたのです。

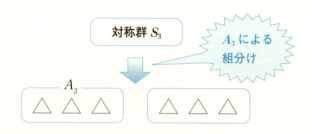

● 剰余群

「方程式の話」では，補助方程式の解 B', C' の置きかえは，棒の回転や鏡にたとえられました。

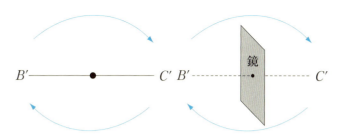

　それでは「群の話」では，このことはどうなっているのでしょうか。

　ガロアが着目したのは，2組に分かれた置換が一致団結して団体行動をし，まるで鏡で映したように組ごと（団体ごと）入れかわることです。

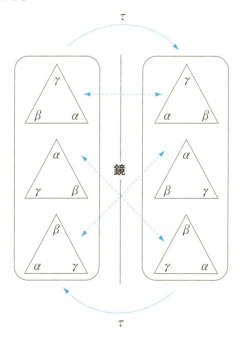

3章 ガロア群を見てみよう

　前ページ下図の左組は**3次の交代群**A_3です。また，両矢印◂▸は$\tau=(\alpha\ \beta)$で移りあう置換です。

　このときの「鏡」は，たとえば置換「τ」です。（じつはτでなくても，右組の置換ならばどれでもよいのです。）αとβを置きかえる「τ」という「鏡」に映すと，組分けした一方が団体ごと他方に移り，さらにもう一度「τ」によって団体ごと元にもどるのです。（もどすときも同一のτである必要はありません。）この団体行動から見えてくるものは，棒の回転や鏡です。2つに分かれた組そのものが群をなすのです。これが❿にも登場した「**剰余群**」です。

　さて，「方程式の話」の方にもどりましょう。さらに$t^3=B'$，$t^3=C'$の解b'，c'（実質的にはb'）を添加すると，方程式は完全に1次式の積に分解しました。

$$(t^3-B')(t^3-C')=0$$

⬇ b' を添加

$$(t-b')(t-\omega b')(t-\omega^2 b')(t-c')(t-\omega c')(t-\omega^2 c')=0$$

　「群の話」の方では，（前章の舞台裏で確認したように）「b'，c'を不変にする置換」は，恒等置換eだけです。交代群A_3を部分群$\{e\}$によって「3組」に組分けすると，各組の置換は1個だけになります。つまり，わざわざ組分けする必要もないということです。こうしてできる剰余群は，交代群A_3そのものと変わりありません。

　さて「方程式の話」では，求まった「3乗根」は正三角形のコ

マにたとえられました。

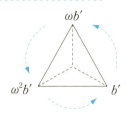
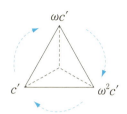

それでは「群の話」では,どうなっているのでしょうか。

ガロアは同じような様子を,「群」の方にも見てとったことでしょう。つまり,それぞれの「3個」の置換がクルクルと回って見えたのです。

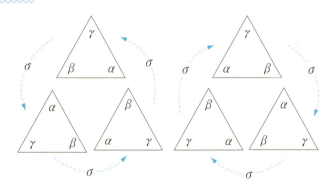

ガロア自身は,鏡のこちら側の(今日でいう)部分群だけでなく,あちら側も群ととらえていました。それで論文では「群に分かれる」という表現を使っていたのです。それというのも,「群」の概念自体が進化をとげて現在に至っているからです。

次の図は,$\sigma = \begin{pmatrix} \alpha & \beta & \gamma \\ \beta & \gamma & \alpha \end{pmatrix}$, $\tau = \begin{pmatrix} \alpha & \beta & \gamma \\ \beta & \alpha & \gamma \end{pmatrix} = (\alpha\ \beta)$ としたときの「3次の対称群 S_3」です。

3章 ガロア群を見てみよう

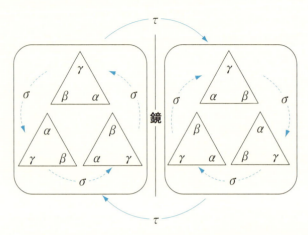

3次の対称群 S_3 の元は、その中のどれか1個だけを用いて表すことはできません。でも σ と τ の2個を用いて表すことはでき、次のようになっています。(もちろん σ と τ にかぎるわけではありません。)

$$S_3 = \{e,\ \sigma,\ \sigma^2,\ \tau,\ \tau\sigma(\sigma^2\tau),\ \tau\sigma^2(\sigma\tau)\}$$

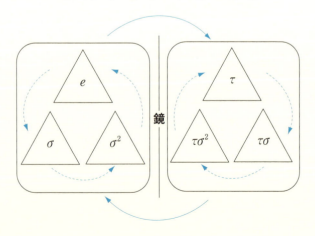

⑫ 3次方程式のガロア群

● 群の話

3次方程式の解法を,「群の話」の方から振り返ってみましょう。

3次方程式のガロア群 S_3（3次の対称群）は,その部分群 G_1 によって, G_1 と $\overline{G_1}$ の2組に分かれます。鏡（「τ」）で映したような G_1 と $\overline{G_1}$ に分解するのです。

$$G_1 = \{e, \ \sigma, \ \sigma^2\}$$
$$\overline{G_1} = \{\tau, \ \tau\sigma(\sigma^2\tau), \ \tau\sigma^2(\sigma\tau)\}$$

G_1 の方は演算で閉じていて群をなします。この $G_1 = \{e, \sigma, \sigma^2\}$ が「3次の交代群 A_3」とよばれるものです。A_3 は位数3の巡回群です。

$\overline{G_1}$ の方は部分群ではないものの,「τ」がかけてある（鏡「τ」で映した）他は G_1 にそっくりです。しかも先に「τ」をかけた $\tau G_1 = \{\tau, \tau\sigma, \tau\sigma^2\}$ も, 後から「τ」をかけた $G_1\tau = \{\tau, \sigma\tau, \sigma^2\tau\}$ も, どちらも $\overline{G_1} = \{\tau, \tau\sigma(\sigma^2\tau), \tau\sigma^2(\sigma\tau)\}$ となり同一です。

$$\tau G_1 = G_1 \tau$$

一般に G_1 が部分群でさえあれば, いつでも $\tau G_1 = G_1\tau$ となるわけではありません。そうなっている部分群は, 特別に「正規部分群」とよばれています。「正規部分群」は「剰余群」を考える上での重要な概念で, ガロアが発見したものです。

今の場合は, $\tau G_1 = G_1\tau$ となることは明らかです。どちらも G_1 の残りとして, 必然的に等しくなるからです。

ガロアは,「3個の置換」の組があたかも1つの団体のように τ で移り合うことから, $\{G_1, \overline{G_1}\} = \{G_1, \tau G_1\}$ にも自然に演算が入って「剰余群」をなし, 2次の補助方程式の解の置換群と同一視できることに気づいたのです。(下図の●は解の置換です。e, σ, σ^2, τ, $\tau\sigma$, $\tau\sigma^2$ です。)

正規部分群

対称群 S_3 の交代群 $A_3(=G_1)$ による「剰余群」S_3/A_3 を, 2次の補助方程式の解の置換群と同一視したとき, A_3 は解を置きかえない(不変にする)恒等置換に対応します。

さて, 対称群 S_3 の位数(元の個数)は6です。交代群 A_3 の位数は3で, 剰余群 S_3/A_3 の位数は $6 \div 3 = 2$ です。

素因数分解なら, これより $6 = 2 \times 3$ となって終了です。じつは S_3 の分解の方も $S_3 = S_3/A_3 \times A_3$ となって, これにて終了します。交代群 A_3 は, 正三角形のコマでたとえた位数3の巡回群なのです。

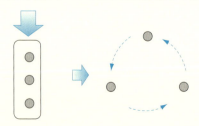

⑫ 3次方程式のガロア群

「整数の話」では，素数や素因数分解が重要な役割を果たします。同じように「群の話」では，正規部分群や剰余群が重要な役割を果たすのです。

● 組成列

3次方程式では，正規部分群の列 $S_3 \supset A_3 \supset \{e\}$ が見つかり，

$$S_3 = \{e,\ \sigma,\ \sigma^2,\ \tau,\ \tau\sigma,\ \tau\sigma^2\}$$
$$A_3 = \{e,\ \sigma,\ \sigma^2\}$$

$S_3 = S_3/A_3 \times A_3$ と分解すると，S_3/A_3, A_3 の位数（元の個数）が「2」，「3」と素数になりました。このため，（2次の補助方程式の解に出てくる）「2乗根」や（$t^3 = B'$ や $t^3 = C'$ の）「3乗根」を用いて，3次方程式の解が表されることになったのです。

ガロアは，「方程式の群」G から，正規部分群の列 $G \supset G_1 \supset G_2 \supset G_3 \supset \{e\}$ を見つけて $G = G/G_1 \times G_1/G_2 \times G_2/G_3 \times G_3$ のように分解していき，G/G_1, G_1/G_2, G_2/G_3, G_3 をすべて位数が素数 p の群にできたなら，順に「p 乗根」を添加することで，方程式が根号で解けると考えました。

このとき「n 乗根」ではなく「p 乗根」（p は素数）に絞ったのは，次のような理由からです。もし $x^n = a$ において $n = 3 \times 5$ のような合成数だったら，（$\sqrt[3 \times 5]{a}$ を $\sqrt[3]{\sqrt[5]{a}}$ や $\sqrt[5]{\sqrt[3]{a}}$ として）$x^3 = b$ と $x^5 = c$ の2段階に分けて考えればよいのです。ちなみに位数（元の個数）が素数の群は，（⑭で見るように）必ず巡回群となっています。

3章 ガロア群を見てみよう

ガロアは友人シュヴァリエへの手紙の中で，次のように述べています。

『そこで方程式の群のすべての可能な固有分解をし尽くすならば，変形できる群がすべて得られることになりますが，それらはみな同数の置換を含みます。

それらの置換の数がみな素数ならば，その方程式は根号で解け，そうでなければ根号では解けないのです。』

⑫ 3次方程式のガロア群

5次方程式も，$S_5 = S_5/A_5 \times A_5$ として，次は $A_5 = A_5/N \times N$ というように，どんどんやっていけばいいだけじゃないの？

前にもいったけど，S_5 を A_5 で2組に分けた（$S_5/A_5 \times A_5$ とした）後が続かないのさ。次に A_5 を N で p 組に分けて A_5/N を位数 p の巡回群にしようにも，そんな N が存在しないんだよ。だから，5次方程式には「解の公式」が存在しないのさ。それどころか A_5 には，（A_5 と $\{e\}$ をのぞいて）そもそも正規部分群が存在しないんだよ。

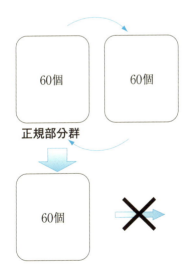

正規部分群

13　4次方程式のガロア群

　ガロアの論文は，きわめて簡潔なものです。そんな中で，4次方程式が根号によって解ける仕組みについて，スペースを割いて説明しています。自分の理論を適用すると，どんなふうに解けていくのかを述べているのです。(ただしガロアが群としたものは今日とは少々異なるため，論文では「3個の群」となっていても，ここでは単に「3つ」とします。また正規部分群という用語も出てきません。)

　ガロアは，まず「2乗根」を添加すると，($4! = 4 \times 3 \times 2 \times 1 = $) 24個の置換からなる群が，「2つ」に分かれると述べています。しかも，その一方である正規部分群の12個の解の置換を，具体的に書き並べているのです。(下図の●が解の置換で，ここではどのような置換かは省略します。)

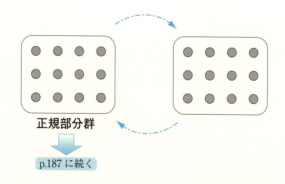

　次に命題により，12個の置換からなる群が「3つ」に分かれ

ると述べています。そこで「3乗根」の添加より，3つの中の1つである正規部分群が残るとして，その4個の解の置換を具体的に書き並べています。(ここでは省略します。)

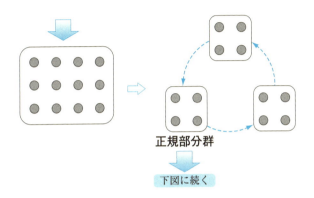

正規部分群

下図に続く

続けて，この群が「2つ」に分かれると述べています。(ここでは省略しますが，実際は4個の元を並べかえて2つに分かれた状態を記し，「2乗根」の添加により一方が残ると2段階に分けて述べています。)

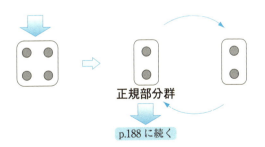

正規部分群

p.188 に続く

最後に，「2乗根」の添加により，ただちに解かれると結論づけています。

3章 ガロア群を見てみよう

ガロアは次のように述べて、この例を終えています。

『このようにしてデカルトの解法もオイラーの解法も得られるが、オイラーの解法では3次の補助方程式を解いた後、3つの平方根が用いられる。しかしそのうちの1つは他の2つから有理的に得られるから、実質的には2つだけでよいのである。』

ここでは●にして省略しましたが、ガロアは具体的な解の置換をすべて明記しています。（もちろん図はありません。）決して読者に不親切なつもりはなく、これできっと理解されるものと期待していたことでしょう。

それでは、このガロアの跡をたどっていくことにしましょう。

● 4次の対称群 S_4

一般の4次方程式のガロア群は、「4次の対称群 S_4」です。4次方程式の解を $x=\alpha, \beta, \gamma, \delta$ としたとき、$\alpha, \beta, \gamma, \delta$ の4文字の置換群です。$x=\alpha, \beta, \gamma, \delta$ と書くのも面倒なので、これからは「$x=1, 2, 3, 4$」と記すことにします。（ガロアは「$x=a, b, c, d$」とし、置換は $abcd$ から置きかわった結果で、順列 $abcd$

や *bacd* などと記しています。)

ここでは解の置換を図で表すことにしましょう。3次方程式では，解を正三角形の頂点に配置しました。それなら4次方程式では，どんな図形に配置するとよいでしょうか。

4つの解を配置するのだから正方形，というわけにはいきません。「4次の対称群 S_4」は「3次の対称群 S_3」を部分群として含むのです。4個の解のうち1個だけ動かさなければ，3個の解の置換とみなせるからです。このことを考慮すると，正方形ではなく正四面体がふさわしいですね。

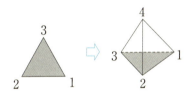

4個の置換は，全部で $4! = 4 \times 3 \times 2 \times 1 = 24$ 個あります。これからその内訳を見ていくことにしましょう。上図右の正四面体の解が，結果的にどの解に置きかわったかで図示することにします。

まずは恒等置換 e があります。これで1個です。

次にどれか1つの頂点を固定し，残りの頂点で決まる面を底面として，底面を回してできる置換を見てみます。

たとえば頂点4を固定すると，そんな置換は3個ありますね。この3個から，すでに数えた恒等置換の1個をのぞくと，残りは2個です。固定する頂点は1, 2, 3, 4と4個あるので，このような置換は全部で $2 \times 4 = 8$ 個あります。

3章 ガロア群を見てみよう

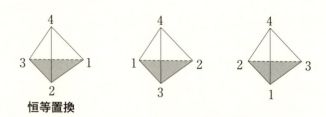

恒等置換

3個の解の置換では,回転させる置換だけではなく,鏡に映した置換もありましたね。下図の右側の置換で,これまでは鏡のあちら側とよんできました。

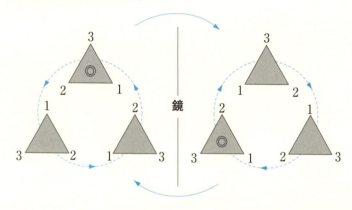

さて平面から三角形を離すことなく,2と3の頂点を置きかえるのは不可能です。でも,鏡を用いれば可能です。上図の「◎」を見ても分かるように,鏡に映して回転すれば(回転して鏡に映せば)よいのです。

ところが空間の中で移動させてよいとなると,話が変わってきます。鏡など用いずに,2と3を直接置きかえることが可能になるのです。

190

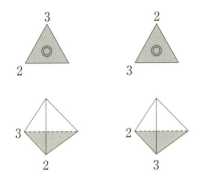

それには正四面体を棒で串刺しにして、空間の中でクルリと回せばよいのです。もちろん2と3だけでなく、同時に1と4も置きかわります。

串刺しにする棒をどこに刺すかで、このような置換は3個出来てきます。

これで、これまでに次の置換が見つかりました。

```
恒等置換 e ……………………   1 個
底面を回す置換 ……    2×4＝8 個
串刺し回転の置換 …………     3 個
─────────────────────────
  合計                    12 個
```

3章 ガロア群を見てみよう

　これを見て，全部で24個ある置換のうち，まだ半分の12個しか見つかっていないと悲観する必要はありません。残りの半分は，単にこれらを鏡に映せばよいのです。

● 4次の交代群 A_4

　「3次の対称群 S_3」でもそうでしたが，鏡のあちら側は，鏡のこちら側とそっくりな振る舞いをします。ちなみに鏡のこちら側は，空間の中で直接置きかえられる置換です。

　このときあちら側に映す「鏡」としては，たとえば1と3だけを置きかえる互換(1 3)があります。この互換(1 3)での置きかえは，2回繰り返すと元にもどります。もちろん団体ごと(1 3)で移るだけであって，現実の鏡に映った個々の置換が(1 3)で移りあうわけではありません。このことは，「3次の対称群 S_3」でもそうなっていましたね。

　鏡のこちら側は，こちら側の置換だけで群をなします。続けて行っても，空間の中で直接置きかえられる置換なのです。この部分群は「4次の交代群 A_4」とよばれています。交代群 A_4 は対称群 S_4 の正規部分群です。部分群で「2組」に分かれるときは，その部分群は必然的に正規部分群です。2組しかないと，τA_4 と $A_4 \tau$ はどちらも「A_4」となるか「A_4 の残り」となり，いつでも $\tau A_4 = A_4 \tau$ だからです。

　剰余群 S_4/A_4 は，鏡のこちら側とあちら側を行ったり来たりする位数2の巡回群です。これまで棒の回転や鏡でたとえてきた群です。方程式の話では，「2乗根」の添加となってきます。

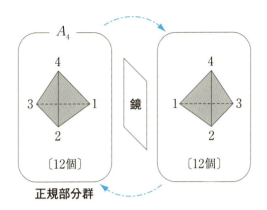

具体的に解の置換を書き並べることは後に回すとして、やっとガロアの最初の段階にきました。

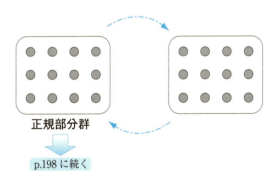

p.198 に続く

● クラインの四元群 V

これからは、鏡のこちら側である「4次の交代群 A_4」を見ていくことにしましょう。

じつは先ほど見た3個の串刺し回転の置換に、恒等置換 e を加えたものは、群をなすのです。「クラインの四元群 V」です。

193

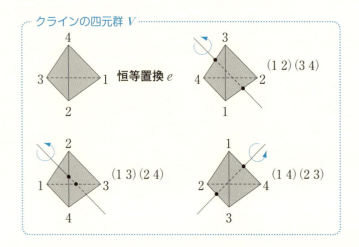

クラインの四元群 V

ここで(1 2)は1と2を入れかえる互換です。(1 2)(3 4)は、(1 2)で置きかえてから(3 4)で置きかえる置換です。とはいえ、(1 2)と(3 4)はどちらを先にしても結果は同じです。(1 2)(3 4) =(3 4)(1 2)です。

「クラインの四元群 V」の元（解の置換）は、2回繰り返すとどれも恒等置換となります。もう一度同じ串刺し回転をすれば、もとにもどるのです。

この「クラインの四元群 V」は、じつは交代群 A_4 の正規部分群というだけでなく、対称群 S_4 の正規部分群となっています。つまり S_4 の元 τ について、いつでも $\tau V = V \tau$ となっているのです。このことを対称群 S_4 の24個の元 τ と、$V=\{e,\ (1\ 2)(3\ 4),$ $(1\ 3)(2\ 4),\ (1\ 4)(2\ 3)\}$ の4つの元 σ について、$\tau \sigma = \sigma' \tau$ となる V の元 σ' が存在するかどうかを、すべて確認するのは大変なことですね。そこで1つやってみて、一般化できるかどうかを探る

ことにします。例として S_4 の元を $\tau = \begin{pmatrix} 1 & 2 & 3 & 4 \\ 2 & 4 & 1 & 3 \end{pmatrix}$, V の元 σ を $(1\,2)(3\,4)$ とします。このとき,次をみたす V の元 $\sigma' = (\,①\,)(\,②\,)$ を具体的に見つけるのです。ちなみに演算は前から(左から)順にやっていきます。(①②は入れかえてもかまいません)

$$\begin{pmatrix} 1 & 2 & 3 & 4 \\ 2 & 4 & 1 & 3 \end{pmatrix}(1\,2)(3\,4) = (\,①\,)(\,②\,)\begin{pmatrix} 1 & 2 & 3 & 4 \\ 2 & 4 & 1 & 3 \end{pmatrix}$$

まず①の互換を $(1\,2)(3\,4)$ の $(1\,2)$ から決めます。$\begin{pmatrix} 1 & 2 & 3 & 4 \\ 2 & 4 & 1 & 3 \end{pmatrix}$ の下から $(1\,2)$ の「1」「2」を見つけると,その上の数は「3」「1」となっています。①はこの上の数 $(3\,1) = (1\,3)$ とします。

次に,②の互換を $(1\,2)(3\,4)$ の $(3\,4)$ から決めます。「3」「4」の上の数が「4」「2」なので,②は $(4\,2) = (2\,4)$ とします。

こうやって①②を作ると,次が成り立ちます。

$$\begin{pmatrix} 1 & 2 & 3 & 4 \\ 2 & 4 & 1 & 3 \end{pmatrix}(1\,2)(3\,4) = (1\,3)(2\,4)\begin{pmatrix} 1 & 2 & 3 & 4 \\ 2 & 4 & 1 & 3 \end{pmatrix}$$

これで V の元 σ' の存在がいえたのですが,この例の τ や σ は何ら特別というわけではありません。τ や σ が他であっても同様に σ' が作られ,$\tau V = V \tau$ がいえるのです。

● 剰余群 A_4 / V

これから,鏡のこちら側である「4 次の交代群 A_4」の 12 個の置換を見ていきましょう。

じつは 12 個の置換は,どれも「クラインの四元群 V」の 4 個の置換から,たとえば頂点 4 を固定して底面を回していくことで

3章 ガロア群を見てみよう

出てきてしまうのです。

まず「クラインの四元群 V」で4個，この4個をそれぞれ $\sigma = \begin{pmatrix} 1 & 2 & 3 & 4 \\ 2 & 3 & 1 & 4 \end{pmatrix}$ で回して4個，さらにもう一度 σ で回して4個で，合計 $4 \times 3 = 12$ 個です。

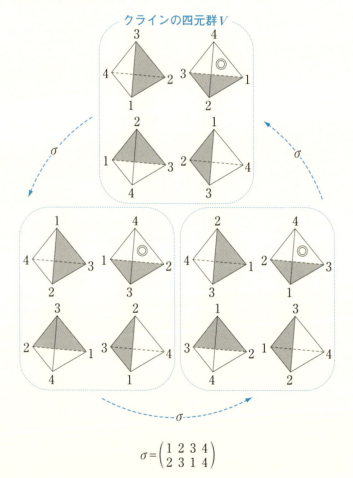

$$\sigma = \begin{pmatrix} 1 & 2 & 3 & 4 \\ 2 & 3 & 1 & 4 \end{pmatrix}$$

⓭ 4次方程式のガロア群

たとえば「クラインの四元群 V」の囲みの中の「◎」の恒等置換は、σ で次のように回っていきます。

恒等置換

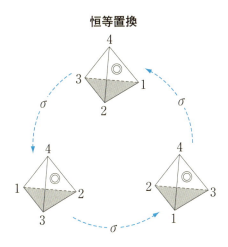

これら12個の置換はどれも異なっており、しかも空間の中で直接置きかえられる置換です。つまり「4次の交代群 A_4」を網羅しているのです。

3つに分けた組はクルクルと回ります。たった1個の置換で、組の中の置換が団体で次の組に移っていき、3回で元にもどるのです。この回し役を果たすのは、たとえば先ほどの頂点4を固定して底面を回す置換 $\sigma = \begin{pmatrix} 1 & 2 & 3 & 4 \\ 2 & 3 & 1 & 4 \end{pmatrix}$ です。もちろん固定するのは、頂点4である必要はありません。クラインの四元群の元を並べかえて(底面の色もつけかえて)見た目を整えると、他を固定した置換でもまったく同じように回っていく様子が観察できます。

剰余群 $A_4/V = \{V, V\sigma, V\sigma^2\}$ は、位数3の巡回群です。これ

まで正三角形のコマの回転でたとえてきた群です。これは「3乗根」の添加となってきます。

これで具体的に解の置換を書き並べることも済ませ、やっとガロアの下記の段階まできました。

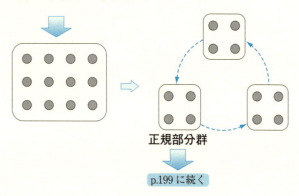

正規部分群

p.199 に続く

● 組成列

「クラインの四元群 V」はアーベル群で、位数2の部分群を3つ含みます。次の G_1, G_2, G_3 です。V はアーベル群なので、これらはすべて V の正規部分群です。

$$V = \{e,\ (1\,2)(3\,4),\ (1\,3)(2\,4),\ (1\,4)(2\,3)\}$$
$$G_1 = \{e,\ (1\,2)(3\,4)\}$$
$$G_2 = \{e,\ (1\,3)(2\,4)\}$$
$$G_3 = \{e,\ (1\,4)(2\,3)\}$$

この3つの部分群のどれか1つをGとします。ここでは、とりあえず $G = G_1$ とします。

⑬ 4次方程式のガロア群

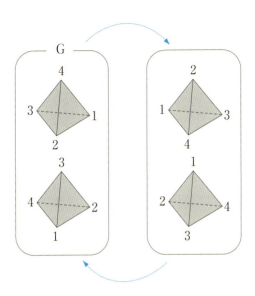

2つに分かれた組は，たとえば，$\tau = (1\,3)(2\,4)$ で互いに移りあいます。剰余群 V/G は，棒の回転や鏡でたとえた位数2の巡回群です。これは「2乗根」の添加です。

ようやくガロアの最終段階に近づいてきました。

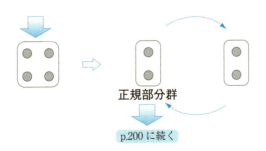

正規部分群

p.200 に続く

いよいよ最後は $G = G_1 = \{e,\ (1\ 2)(3\ 4)\}$ です。

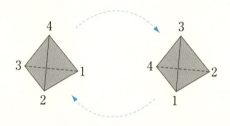

Gは互いに $(1\ 2)(3\ 4)$ で移り合います。棒の回転や鏡でたとえた位数2の巡回群です。これも「2乗根」の添加です。これにてガロアも終了しています。

4次方程式では，正規部分群の列 $S_4 \supset A_4 \supset V \supset G \supset \{e\}$ が見つかり，$S_4 = S_4/A_4 \times A_4/V \times V/G \times G$ と分解していくと，S_4/A_4, A_4/V, V/G, G の位数（元の個数）が「2」，「3」，「2」，「2」と素数になりました。位数が素数の群は巡回群です。このため次々に「根号」（「2乗根」，「3乗根」，「2乗根」，「2乗根」）を用いることで，4次方程式の解が表されることになったのです。

⓭ 4次方程式のガロア群

4次方程式に「解の公式」が存在するのは，「クラインの四元群」の存在が大きいような気がするわ。

「方程式の話」を「群の話」に置きかえると，よけいな計算が取り払われて，クッキリと見えてくるものがあるんだよ。「計算の上を飛ぶ」ことになるのさ。

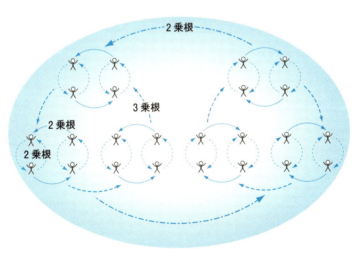

24人のガロア・ダンサーズによる
「4次方程式」のダンス

コラム 4次方程式解法のアイディア

　4次方程式の解法は，カルダノの弟子のフェラリが発見しました。ここでは，その基本的なアイディアを見ていくことにしましょう。

　4次方程式の解法は，さすがに図形的発想から出てきたものではありません。4次元の図形など，理解の助けどころか思い描くのも困難です。

　ここでは，次のような方程式を例にとって見ていきましょう。（3次の項は，4乗完成で消したものと思ってください。）

$$x^4 = 2x^2 + 8x + 3 \qquad \cdots\cdots ①$$

　まずは x に定数項3の約数1，3，-1，-3 を順に入れてためしてみます。でも今回は，残念ながらどれも当てはまりませんね。

　それでは，フェラリはどうしたのでしょうか。カギは，$x^4 = (x^2)^2$ にあります。①の両辺に x^2 の項と定数項を加えて，左辺と右辺を同時に平方完成するのです。

　①の左辺は次のようになる予定です。アンダーライン部分は，両辺に加える予定の式です。

$$x^4 + \underline{2x^2 + 1} = (x^2 + 1)^2$$
$$x^4 + \underline{4x^2 + 4} = (x^2 + 2)^2$$
$$x^4 + \underline{6x^2 + 9} = (x^2 + 3)^2$$

問題は，①の両辺に加える式 $2mx^2+m^2$ の m を何にしたら，右辺が平方完成できるかです。ちなみに，$2mx^2+m^2$ を加えた①の右辺を ax^2+bx+c $(a \neq 0)$ とし，(右辺)$=0$ の解を α, β とすると，右辺は次のように分解されます。

$$ax^2+bx+c=a(x-\alpha)(x-\beta) \quad \cdots\cdots ②$$

$\alpha=\beta$ つまり $ax^2+bx+c=0$ が重解をもつとき，右辺が平方完成できるのです。

$2mx^2+m^2$ を加え，(右辺)$=0$ とすると次になります。

$$(2m+2)x^2+8x+(m^2+3)=0 \quad \cdots\cdots ③$$

$D'=\dfrac{D}{4}$（D は判別式），$b'=\dfrac{b}{2}$ とすると $D'=b'^2-ac$ です。重解をもつのは $D'=0$ のときです。

$$16-(2m+2)(m^2+3)=0$$
$$2m^3+2m^2+6m-10=0$$
$$m^3+m^2+3m-5=0 \quad \cdots\cdots ④$$

これで，すでに解の公式が見つかっている3次方程式に帰着されました。でも④の解なら，$m=1$ とすぐに見つかりますね。

それでは，①の両辺に $2x^2+1$ を加えて解いていきましょう。

column

$$x^4 + \underline{2x^2+1} = 2x^2+8x+3+\underline{2x^2+1}$$
$$x^4+2x^2+1 = 4x^2+8x+4$$
$$(x^2+1)^2 = 4(x+1)^2 \quad \cdots\cdots ⑤$$

　正の解を1つ見つけるだけなら，⑤から $x^2+1=2(x+1)$ とすればよいのですが，せっかくなので解を全部見つけることにしましょう。ここで $X^2=Y^2$ つまり $X^2-Y^2=0$ から，$(X-Y)(X+Y)=0$ とします。

$$(x^2+1)^2 - 4(x+1)^2 = 0$$
$$(x^2+1)^2 - \{2(x+1)\}^2 = 0$$
$$\{(x^2+1)-(2x+2)\}\{(x^2+1)+(2x+2)\} = 0$$
$$(x^2-2x-1)(x^2+2x+3) = 0$$
$$x^2-2x-1=0 \quad \text{から} \quad x=1\pm\sqrt{2}$$
$$x^2+2x+3=0 \quad \text{から} \quad x=-1\pm\sqrt{2}\,i$$

　これで，①の4つの解 $x=1\pm\sqrt{2}$，$-1\pm\sqrt{2}\,i$ が求まりました。正の解なら $x=1+\sqrt{2}$ です。

14 ガロア最大の発見「正規部分群」

　3次方程式や4次方程式が、根号を用いて解けたのはなぜでしょうか。

　まずはそのガロア群に、どちらも「正規部分群」とよばれる好都合な部分群があったからです。正規部分群があると、じつは「剰余群」を作ることができるのです。3次方程式や4次方程式の場合は、この剰余群が位数（元の個数）「2」や「3」の巡回群となりました。このため「2乗根」や「3乗根」を添加していった「数の範囲」で（取りかえた）方程式が1次式の積に分解し、その解を用いてもとの方程式の解も「根号」を用いて表されることになったのです。

　では、その好都合な正規部分群とは、いったいどんな部分群なのでしょうか。ただの部分群とは何がちがうのでしょうか。じつは、ただの部分群ならラグランジュもとらえていたのです。ガロアはこの正規部分群という特別な部分群をとらえたことで、さらなる飛躍をとげることができたのです。

　ガロアは亡くなる2日前に、友人シュヴァリエへあてた遺書の中で、次のように述べています。

『方程式に1つの根だけを添加することと、そのすべての根を添加することの間には、大きな違いのあることがわかります。

どちらの場合にも，方程式の群は，添加によっていくつかの部分集合に分かれ，その1つから他へ移るには，同じ置換を作用させればよいのですが，これらの部分集合が同じものになるためには，第2の場合でなければならないのです。そのようになることを固有の分解といいます。

言い換えれば，ある群Gがもうひとつの群Hを含むとき，Gはいくつかの部分集合に分けられますが，そのおのおのはHにそれぞれある一つの置換を作用させて得られ，次のようになります。

$$G = H + HS + HS' + \cdots\cdots$$

Gはまた，次のようにも分解されます。

$$G = H + TH + T'H + \cdots\cdots$$

この両方の分解は一般には一致しないので，一致する場合にこの分解は固有であるというのです。』

ガロアがここで述べている，固有分解をもたらす部分群Hが「正規部分群」です。

この手紙の文面では意訳して部分集合となっていますが，まだこの時代には集合という概念はありませんでした。ある条件をみたす集まりを全体としてとらえるような，概念も言葉も記号もなかったのです。

この点について，ガロアは論文の前書きで次のように述べています。

⑭ ガロア最大の発見「正規部分群」

『この問題は全く新しいために,新しい言葉を用いたり,新しい性質を導入したりすることが必要になる。読者は前から信頼している著者であっても新しい言葉使いをするのを好まないものであるから,私がこのようにするのにはじめから戸惑われるのは当然であろう。しかし,これは確かに多少とも重要なことがらであるから,私たちはそれにふさわしい扱いをしなくてはならない。』

ガロアはこの前書きを,期待を込めて書いたことでしょう。でも残念ながら,この心配は的中してしまいました。数学者でさえ,戸惑うどころか拒絶してしまったのです。

● 正規部分群

ガロアの述べていることを,一般の3次方程式のガロア群である「3次の対称群 S_3」を例にとって見てみることにしましょう。⑫で見てみたように,$S_3 = \{e, \sigma, \sigma^2, \tau, \tau\sigma(\sigma^2\tau), \tau\sigma^2(\sigma\tau)\}$ です。

$$\sigma = \begin{pmatrix} \alpha & \beta & \gamma \\ \beta & \gamma & \alpha \end{pmatrix}, \quad \tau = \begin{pmatrix} \alpha & \beta & \gamma \\ \beta & \alpha & \gamma \end{pmatrix} = (\alpha\,\beta)$$

それでは,S_3 の正規部分群 $A_3 = \{e, \sigma, \sigma^2\}$ と,ただの部分群 $H = \{e, \tau\}$ を比べてみることにします。

対称群 S_3 は,交代群 A_3 で「2組」に分かれます。

3章 ガロア群を見てみよう

$$A_3 = \{e,\ \sigma,\ \sigma^2\}$$
$$A_3\tau = \{\tau,\ \sigma\tau,\ \sigma^2\tau\}$$

$$A_3 = \{e,\ \sigma,\ \sigma^2\}$$
$$\tau A_3 = \{\tau,\ \tau\sigma,\ \tau\sigma^2\}$$

ガロアのいう $G = H + HS + HS' + \cdots\cdots$ と $G = H + TH + T'H + \cdots\cdots$ は,次のようになります。

$$S_3 = A_3 + A_3\tau$$

$$S_3 = A_3 + \tau A_3$$

ここで $A_3\tau = \tau A_3$ となっています。あえて確かめずとも,同じ A_3 の残りなので,おのずと等しいというものです。$S_3 = A_3 + A_3\tau$ と $S_3 = A_3 + \tau A_3$ の両方の分解が一致するので,この分解はガロアのいう固有分解です。

● 部分群

対称群 S_3 は,ただの部分群 $H = \{e,\ \tau\}$ で「3組」に分かれます。

$$H = \{e,\ \tau\}$$
$$H\sigma = \{\sigma,\ \tau\sigma\} = \{\boxed{\sigma},\ \boxed{\sigma^2\tau}\}$$
$$H\sigma^2 = \{\sigma^2,\ \tau\sigma^2\} = \{\sigma^2,\ \sigma\tau\}$$

$$H = \{e,\ \tau\}$$
$$\sigma H = \{\boxed{\sigma},\ \sigma\tau\}$$
$$\sigma^2 H = \{\sigma^2,\ \boxed{\sigma^2\tau}\}$$

ガロアのいう $G = H + HS + HS' + \cdots\cdots$ と $G = H + TH + T'H + \cdots\cdots$ は,次のようになります。

$$S_3 = H + H\sigma + H\sigma^2 \qquad S_3 = H + \sigma H + \sigma^2 H$$

$S_3 = H + H\sigma + H\sigma^2$ と $S_3 = H + \sigma H + \sigma^2 H$ の2つの分解は，見ての通り一致していません。この分解は，ガロアのいう固有分解ではないのです。

● **剰余群**

群 G があったとき，その「正規部分群」とは次のような部分群です。

> 正規部分群
> 群 G の正規部分群 N とは，
> $\tau N = N \tau$ （τ は G の任意の元）
> が成り立つような部分群

部分群というときは，群 G 自身や群 $\{e\}$ も含めることにしています。G や $\{e\}$ は群 G の正規部分群です。

群 G がアーベル群のときは，その部分群はどれも正規部分群です。アーベル群は演算の順序を入れかえられるので，$\tau N = N \tau$ がいつでも成り立つからです。

さて群 G に（ただの）部分群 H があったら，G を H で「何組」かの H, σH, τH, ……に分けていくことができます。

3章 ガロア群を見てみよう

$$G = H + \sigma H + \tau H + \cdots\cdots$$

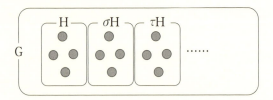

ここで，σH や τH は部分群ではありませんが，部分群 H と同じ個数の元を含んでいます。H の元 τ に，σH の元 $\sigma\tau$ が 1 対 1 で対応するからです。（後述の逆元を用いれば，$\tau_1 \neq \tau_2$ ならば $\sigma\tau_1 \neq \sigma\tau_2$ と分かります。）

そこで群 G の位数（元の個数）を g，部分群 H の位数を h とすると，m 組に分けられたとき $g = hm$ となります。

$$G = H + \sigma H + \tau H + \cdots\cdots$$
$$g = \underbrace{h + h + h + \cdots\cdots}_{m\text{ 個}} \quad\rightarrow\quad g = hm$$

つまり部分群の位数 h は，もとの群 G の位数 g の約数（割りきる数）です。（$g = h \times m \rightarrow g \div h = m$）

> **ラグランジュの定理**
> 部分群の位数は，もとの群の位数の約数である

このラグランジュの定理から，位数が素数の群は必ず巡回群であることが，次のようにして分かります。

群 G の位数を素数 p とします。G の単位元（恒等置換）でない元 σ を 1 つ選び，σ から生成される部分群 H を考えます。ラ

グランジュの定理より、部分群 $H=\{e, \sigma, \sigma^2, \cdots\cdots\}$ の位数は、もとの群 G の位数 p の約数です。ところが、素数 p の(正の)約数は 1 と p しかありません。H は少なくとも e と σ の 2 個の元を含むので、H の位数は(G の位数と同じ)p ということになります。つまり部分群 H はもとの群 G と一致するのです。群 $G=H=\{e, \sigma, \sigma^2, \cdots\cdots, \sigma^{p-1}\}$($\sigma^p=e$)は、元 σ から生成される巡回群というわけです。ここで元 σ は、群 G の(単位元でない)どの元でもよいのです。

> **位数が素数の群**
> 位数が素数の群は巡回群である

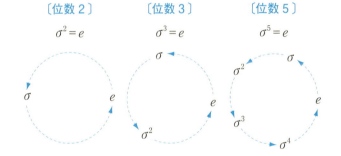

もちろんこの逆は成り立ちません。位数が素数でない巡回群なら、すでに見てきました。$x^{16}+x^{15}+\cdots\cdots+x+1=0$ のガロア群は、位数 16 の巡回群 $\{e, \sigma, \sigma^2, \cdots\cdots, \sigma^{15}\}$ だったのです。

さて群 G に正規部分群 N があったら、ただの部分群のときと同じように、G を N で何組かの N, σN, τN, $\cdots\cdots$ に分けていくことができます。

$G = N + \sigma N + \tau N + \cdots\cdots$

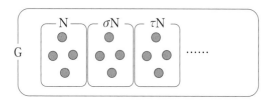

単に分けるだけなら,ただの部分群でもよいのです。ところが正規部分群の場合には,分けられた組 $\{N, \sigma N, \tau N, \cdots\cdots\}$ に演算(積)が入るのです。すぐ後で見てみるように,σN と τN の積 $\sigma N \cdot \tau N$ が考えられるのです。σN のどの元と τN のどの元をかけても(ただの部分群の場合とは異なり),その結果が別々の組に入ることはないのです。組 $N, \sigma N, \tau N, \cdots\cdots$ に入っている元は,一致団結して団体行動ができるのです。$N, \sigma N, \tau N, \cdots\cdots$ は,いわば行動(演算)を共にする一致団結した団体なのです。

正規部分群では,いつでも $\tau N = N \tau$ となっています。このことから $\sigma \underline{N\tau} N = \sigma \tau \underline{NN} = \sigma \tau N$ となり,$\sigma N \cdot \tau N$ を $\sigma \tau N$ とすることで自然に演算が入るのです。しかもこの演算で,$\{N, \sigma N, \tau N, \cdots\cdots\}$ が群になっているのです。

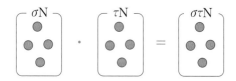

⑭ ガロア最大の発見「正規部分群」

群 G から正規部分群 N を用いて作り出されたこの新たな群 {N, σN, τN, ……} は，G の N による「剰余群」とか「商群」とよばれ，G/N と表されます。G/N = {N, σN, τN, ……} です。

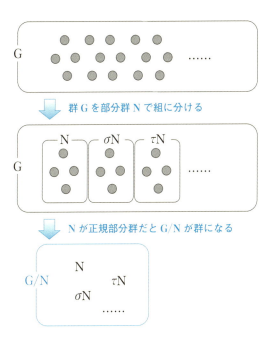

問題はこの正規部分群 N によって作られた剰余群 G/N が，棒の回転や正三角形のコマの回転でたとえた群，つまり位数が素数 p の巡回群となるかどうかです。このことが，「p 乗根」を添加して，つまりは根号を用いて方程式が解けるかどうかに関わってくるのです。

3章 ガロア群を見てみよう

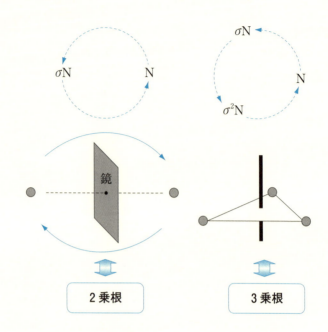

● 交換子

「方程式の話」を「群の話」に置きかえるときに, 要となるのが正規部分群です。だからといって部分群をすべて探しだし, その中のどれが正規部分群かを調べていくのは大変なことです。

じつは方程式の可解性(解が根号で表されるか否か)との関連では, そこまでする必要はないのです。剰余群 G/N の位数が, 2や3といった素数になるような正規部分群 N を探せばよいのです。先ほど見たように, 位数が素数の群は巡回群です。

ここでは剰余群 G/N が巡回群という条件をゆるめて, アーベル群となる条件を見ていくことにしましょう。巡回群はアーベル

⑭ ガロア最大の発見「正規部分群」

群の特別なものです。だから，まずはアーベル群にならないと話にならないのです。

剰余群 G/N がアーベル群であるとは，群 G の任意の元 σ, τ について $\sigma N \cdot \tau N = \tau N \cdot \sigma N$ となることです。演算の順序をいつでも入れかえられるのがアーベル群です。さて，この $\sigma N \cdot \tau N = \tau N \cdot \sigma N$ という条件をいいかえると，どんな条件になってくるのでしょうか。

そこで，まずは σ の「逆元」を σ^{-1} と表すことにします。「σ^{-1}」は $\sigma^{-1}\sigma = \sigma\sigma^{-1} = e$（恒等置換）をみたす元ですが，置換の場合は単に上と下を入れかえたものです。たとえば，$\sigma = \begin{pmatrix} 1 & 2 & 3 \\ 3 & 1 & 2 \end{pmatrix}$ の逆元は $\sigma^{-1} = \begin{pmatrix} 3 & 1 & 2 \\ 1 & 2 & 3 \end{pmatrix} = \begin{pmatrix} 1 & 2 & 3 \\ 2 & 3 & 1 \end{pmatrix}$ です。置きかえたのを逆に置きかえれば，何も置きかえないのと同じです。

$$\begin{pmatrix} 1 & 2 & 3 \\ 3 & 1 & 2 \end{pmatrix}\begin{pmatrix} 3 & 1 & 2 \\ 1 & 2 & 3 \end{pmatrix} = \begin{pmatrix} 1 & 2 & 3 \\ 1 & 2 & 3 \end{pmatrix}$$

$$\begin{pmatrix} 3 & 1 & 2 \\ 1 & 2 & 3 \end{pmatrix}\begin{pmatrix} 1 & 2 & 3 \\ 3 & 1 & 2 \end{pmatrix} = \begin{pmatrix} 3 & 1 & 2 \\ 3 & 1 & 2 \end{pmatrix} = \begin{pmatrix} 1 & 2 & 3 \\ 1 & 2 & 3 \end{pmatrix}$$

それでは「$\sigma N \cdot \tau N = \tau N \cdot \sigma N$」という条件をいいかえてみましょう。

$\qquad \sigma N \cdot \tau N = \tau N \cdot \sigma N$

$\Longleftrightarrow \quad \sigma\tau N = \tau\sigma N$

$\Longleftrightarrow \quad \tau^{-1}\sigma\tau N = \sigma N$（両辺に左から τ^{-1} をかける）

$\Longleftrightarrow \quad \sigma^{-1}\tau^{-1}\sigma\tau N = N$（両辺に左から σ^{-1} をかける）

$\Longleftrightarrow \quad \sigma^{-1}\tau^{-1}\sigma\tau \in N$（← $\sigma^{-1}\tau^{-1}\sigma\tau$ が N の元）

> 剰余群 G/N がアーベル群 ⟺ $\sigma^{-1}\tau^{-1}\sigma\tau$ が N の元
>
> (σ, τ は群 G の任意の元)

「$\sigma^{-1}\tau^{-1}\sigma\tau$」は,$\sigma$ と τ の「**交換子**」とよばれています。剰余群 G/N がアーベル群となるには,正規部分群 N は群 G のすべての交換子を含んでいなければならないのです。

● 2種類の交換子表示

ここまでの話を振り返ってみましょう。

まず方程式の可解性(解が根号で表されるか否か)との関連では,「剰余群 G/N が素数位数(の巡回群)となるような正規部分群 N の存在」が問題となります。

そのためには,そもそも「剰余群 G/N がアーベル群となるような正規部分群 N が存在」しなくては話になりません。

つまり「G のすべての交換子を含む正規部分群 N の存在」が,まずは問題となってくるのです。

次節はいよいよ5次方程式です。5次方程式が根号を用いて解けるかどうかです。じつは5次方程式に関しては,ガロアよりも先にアーベルによって,それは不可能だと証明されていました。ガロアはアーベルとは異なった方法で,方程式の可解性の問題を完全に解決したのです。

次節では,一般の5次方程式のガロア群を見ていくことにしましょう。その際に用いるのが,次の「2種類の交換子表示」です。(※付録参照)

⑭ ガロア最大の発見「正規部分群」

> **2種類の交換子表示**
> 〔A〕 $(12)(34) = (12)(13) \cdot (12)(14) \cdot (13)(12) \cdot (14)(12)$
> 〔B〕 $(12)(13) = (14)(13) \cdot (15)(12) \cdot (13)(14) \cdot (12)(15)$

ここで(12)や(34)は互換です。互換(12)は，1と2を入れかえる置換です。

〔A〕の$(12)(34)$は，4次方程式のガロア群を考察していたときに「クラインの四元群 V」で出てきましたね。もちろん $(12)(34) = \begin{pmatrix} 1 & 2 & 3 & 4 \\ 2 & 1 & 4 & 3 \end{pmatrix}$ だけが特別というわけではなく，$(12)(34)$の型になっている他の置換も，このように交換子表示ができるということです。ちなみに5次方程式では，$(12)(34) = \begin{pmatrix} 1 & 2 & 3 & 4 & 5 \\ 2 & 1 & 4 & 3 & 5 \end{pmatrix}$ となってきます。

〔B〕の$(12)(13)$は置換 $\begin{pmatrix} 1 & 2 & 3 \\ 2 & 1 & 3 \end{pmatrix} \begin{pmatrix} 1 & 2 & 3 \\ 3 & 2 & 1 \end{pmatrix} = \begin{pmatrix} 1 & 2 & 3 \\ 2 & 3 & 1 \end{pmatrix}$ です。これは3次方程式のガロア群を考察していたときに，「3次の交代群 A_3」に出てきた置換です。こちらも$(12)(13)$だけが特別というわけではなく，$(12)(13)$の型になっている他の置換も，このように交換子表示ができるということです。ただし〔B〕の交換子表示には4，5が使われています。A_3に出てきた置換とはいっても，実際には5次方程式以降を念頭においたものです。5次方程式では $(12)(13) = \begin{pmatrix} 1 & 2 & 3 & 4 & 5 \\ 2 & 3 & 1 & 4 & 5 \end{pmatrix}$ となってきます。

上記の「2種類の交換子表示」は，右辺を前から（左から）順に置きかえていけば確かめられます。〔A〕なら，「1234」を(12)

で入れかえて「2134」とし，次にこれを(13)で入れかえて「2314」としていくのです。〔B〕は5が入っているので「12345」からスタートすることになります。

さて交換子は，$\sigma^{-1}\tau^{-1}\sigma\tau$ という元（解の置換）でした。それでは $\sigma=(12)$ のとき，σ^{-1} は何でしょうか。これなら簡単ですね。もちろん $\sigma^{-1}=(12)$ です。わざわざ(21)にする必要はありません。(12)も(21)も，どちらも1と2の入れかえです。(12)で入れかえて(12)でもう一度入れかえれば，そのままの恒等置換 e となります。$(12)(12)=e$ です。つまり $\sigma^{-1}\sigma=\sigma\sigma^{-1}=e$ です。

それなら $\sigma=(13)(12)$ としたとき，σ^{-1} は何でしょうか。じつは σ の(13)と(12)を入れかえた，(12)(13)となります。$\sigma^{-1}=(12)(13)$ なのです。これもやってみれば分かります。$\sigma^{-1}\sigma=(12)(13)(13)(12)=(12)e(12)=(12)(12)=e$ となります。$\sigma\sigma^{-1}=e$ も同様です。

方程式に，「1つ」の解を添加するのと，「全部」の解を添加するのとでは，何がちがうっていいたいの？

群の方では，ただの「部分群」となるか，「正規部分群」となるかのちがいになるっていいたいのさ。方程式の可解性の問題では，「正規部分群」が重要なんだ。一般の5次方程式に解の公式が存在するかどうかも，この正規部分群の存在がカギになってくるのさ。

15 5次方程式には存在しない「解の公式」

　3次方程式の解は「正三角形」の頂点に，4次方程式の解は「正四面体」の頂点に配置してきました。それなら5次方程式の解は，どんな図形に配置したらよいでしょうか。

　じつは4次元空間に，頂点が5個の「正5胞体」があるのです。これで見たとしても，解の置換を鏡のこちら側とあちら側の2組に分けるまでは出来そうな気がしますね。でも4次元空間なんて，理解の助けどころか，いっそう話がややこしくなりそうです。

　そこでこの節では，置換を「図形」ではなく「あみだくじ」で見ていくことにしましょう。

　ところで，「あみだくじ」は不思議だと思っていませんか。絶対に同じ所にはたどり着かないのです。

　「あみだくじ」の「あみだ」の由来は「阿弥陀」様です。昔は分配物を紐にくくりつけ，（阿弥陀様の頭部に見立てた）真ん中に置き，紐の先を（後光のように）四方八方に延ばして，皆でその紐を引いたそうです。もらえる物に多少のちがいはあっても，それが「くじ」というものです。でも，たぐり寄せたら2人が同じ物に当たり，けんかにでもなったら阿弥陀様もびっくりですね。現在の「あみだくじ」は，名前が流用されただけかもしれません。でもその使われ方を見ていると，この「みんなに」という阿弥陀様の願いから，かけ離れていることも多いようです。

3章 ガロア群を見てみよう

● あみだくじ

「置換」は単なる置きかえです。これは「あみだくじ」でも同じです。「あみだくじ」も、たとえば「123」を「213」や「321」に置きかえているだけなのです。

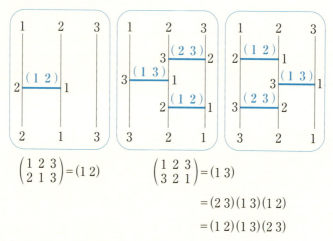

あみだくじの「横棒」は、そこで2つが入れかわる「互換」です。「互換」を何回繰り返しても、入れかわっていくだけです。同じ所にたどりつくはずはありません。

上図右を見ても分かるように、置換を互換の積（続けて行うこと）で表す方法は、1通りではありません。でも❶の「差積」で見たように、互換の個数が偶数個となるか奇数個となるかは決まっているのです。それで偶数個となるのを「偶置換」、奇数個となるのを「奇置換」とよぶのです。

そもそも置換が互換の積になるのか、と疑問に思うかもしれませんね。つまり置換の中にはあみだくじが作られない（横棒を引

⓯ 5次方程式には存在しない「解の公式」

くことで実現できない）ものもあるのではないか，という心配です。

もちろん，どんな置換でもあみだくじは作られます。横棒を引いて，互換の積に表すことができるのです。

たとえば，次のようなあみだくじを作りたいとします。

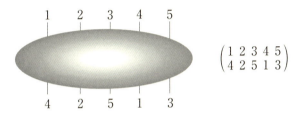

まずは，ゴール（同じ数）まで線で結びます。

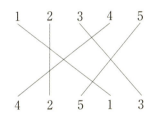

さらに見分けがつくように（交互に実線と破線にするなどして），下まで折れ線でたどります。

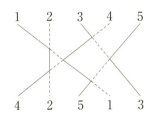

次に，交わったところにゴム紐（横棒）を取りつけます。これ

を縦棒の折れ線と一緒に伸ばせば出来上がりです。

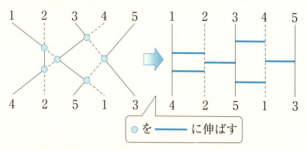

もし 3 本の直線が 1 点で交わったら，と不安かもしれませんね。

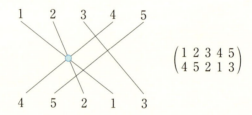

大丈夫です。（縦棒を描く）位置をちょいとずらせば解決です。見かけにこだわるなら，後で等間隔に直せばよいのです。

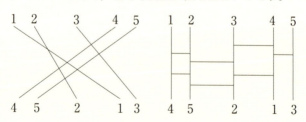

● 5 次以上の交代群 A

それではいよいよ 5 次方程式です。一般の 5 次方程式が，根号を用いて解けるかどうかを見ていきましょう。

⓯ 5次方程式には存在しない「解の公式」

　一般の5次方程式の解を $x=1, 2, 3, 4, 5$ としたとき，そのガロア群はこれら5文字「1, 2, 3, 4, 5」の置換からなる群，つまり「5次の対称群 S_5」です。5次の対称群 S_5 の置換は，全部で $5! = 5\times4\times3\times2\times1 = 120$ 個あります。

　「対称群 S」（S_3 や S_4 や S_5）を「偶置換」か「奇置換」かによって2組に分けると，じつは「偶置換」の組は部分群となっています。偶置換どうしの積（続けて行う）は，また「偶置換」です。互換の個数を数えれば，偶数個と偶数個なら合わせても偶数個なのです。でも奇数個と奇数個では，合わせて奇数個とはなりません。

　この偶置換からなる部分群は，「交代群 A」とよばれています。これまで鏡のこちら側としてきた A_3 や A_4 は，じつは偶置換からなる交代群です。

　「交代群 A」はただの部分群ではありません。じつは「対称群 S」の正規部分群となっています。つまり，いつでも $\tau A = A\tau$ となっているのです。そもそも部分群で2組に分かれるときは，その部分群は正規部分群です。τA も $A\tau$ も，「A」か「A の残り」だからです。

　5次以上の対称群 S でも，交代群 A を正規部分群として含むところまでは順調に進みます。対称群 S を交代群 A で「2組」に分けると，S/A は位数（元の個数）「2」の巡回群です。鏡のあちら側とこちら側を行ったり来たりする群です。

　問題は，$S = S/A \times A$ から後です。交代群 A の正規部分群 N を見つけて，引き続き $S = S/A \times A/N \times N$ とできるかどうかです。

3章 ガロア群を見てみよう

前章では，目的とするような（剰余群 A/N がアーベル群となるような）正規部分群 N は，「A のすべての交換子を含まなければならない」というところまで話が進みました。

ここでいよいよ「2種類の交換子表示」の出番です。

> **2種類の交換子表示**
> 〔A〕 $(12)(34)=(12)(13)\cdot(12)(14)\cdot(13)(12)\cdot(14)(12)$
> 〔B〕 $(12)(13)=(14)(13)\cdot(15)(12)\cdot(13)(14)\cdot(12)(15)$

ここで注意するのは，〔B〕の交換子表示には「4」だけでなく「5」も使われていることです。ですから，5次以上の方程式での話となってきます。また蛇足ですが，(12) も (21) も 1 と 2 を入れかえる互換で同じです。

じつは5次以上になると，交代群 A の部分群 N で「A のすべての交換子を含む」ものは，A 自身しかないのです。このことを示しているのが，上記の「2種類の交換子表示」なのです。

それでは，このことを見ていきましょう。（2つの集合が等しいという証明には慣れていないとして話を進めます。）

まず交代群 A の部分群 N を，「A のすべての交換子を含む」ものとします。

これから示すことは，A の元はどれも部分群 N に入ってしまっている，ということです。そうすれば，次の図の A と N の間のすき間はなくなり，ピッタリ一致することになります。N = A，つまり N は全体の A だ，という結論になるのです。

⓰ 5次方程式には存在しない「解の公式」

そもそも交代群 A というのは「偶置換」の集まりです。互換（　）の積に表すと偶数個です。偶数個なら，その互換の積を2個ずつ区切っていっても，余りは出ません。つまり A の元は，どれも「2個の互換」（　）（　）の積になっているのです。

$$\underbrace{(\ )(\ )}_{2個の互換} \bigg| \underbrace{(\ )(\ )}_{2個の互換} \bigg| \cdots\cdots\cdots \bigg| \underbrace{(\ )(\ )}_{2個の互換}$$

これら「2個の互換」（　）（　）は，〔A〕か〔B〕かのどちらかです。（　）と（　）に同じ数がなければ〔A〕で，1つあれば〔B〕です。もちろん2つとも同じなら消せばよいのです。(12)(12)は恒等置換なのです。

ところがその〔A〕や〔B〕は交換子で表されるのです。それが「2種類の交換子表示」です。

こうなると「A のすべての交換子を含む」部分群 N は，（部分群であるからには）その積も含みます。つまり，〔A〕や〔B〕だけでなく，それらの積も含むのです。すなわち，「2個の互換」の積である A の元を含むのです。

結局のところ，A の元はどれも部分群 N に入ってしまってい

るのです。

これは，部分群 N が全体の A と完全に一致するということです。N = A なのです。

これでは $S = S/A \times A$ から先は，目的とする分解はできません。

● $S = S/N \times N$

それなら $S = S/A \times A$ から続けるのではなく，S の他の正規部分群 N (N ≠ S) で $S = S/N \times N$ として，こちらから続けていくことはできないのでしょうか。もちろん，まずは目的とするような（剰余群 S/N がアーベル群となるような）正規部分群 N を見つけることから始めるのです。

じつはこれも無理なのです。そうなると N は S のすべての交換子を含まなければならず，もちろん S の一部である A のすべての交換子も含まなければなりません。ここで N ∩ A（N と A の両方に入っている置換からなる集合）を考えます。じつはこの N ∩ A は，A や N の部分群となっています。N ∩ A に入っている置換の積は，（N も A も部分群であるからには）N にも A にも入ります。つまり，また N ∩ A に入るのです。

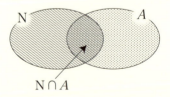

そこで，まずは A の方に目を向けます。N ∩ A が A の部分群であることから，先ほどと同様に N ∩ A = A となります。

⓯ 5次方程式には存在しない「解の公式」

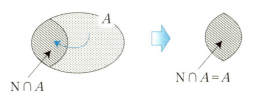

今度はNの方に目を向けます。N∩AはNの部分群でもあることから，N∩A=Aということは，AがNの部分群ということになります。

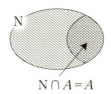

でもこんなことは，N=Aのときしかありえません。それというのもS=N+σN+……としたときに，Nの部分群AだけでSの半分をしめているからです。(N≠Sで) NとσNが同数の置換を含むことから，N=Aしかありえないのです。

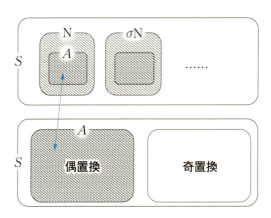

3章 ガロア群を見てみよう

　結局のところ，S の他の正規部分群 N から話を進めることもできないのです。

　以上から出てくる結論は，5次以上の方程式を根号で解くことは不可能だということです。

　ガロアはこんなことを述べています。

『置換の数が素数であるような群は，固有分解はできませんが，それが素数でなくて，しかも固有分解ができない群の置換の数で最小のものは $5 \cdot 4 \cdot 3 (= 60)$ です。』

　この60というのは，5次の交代群 A_5 の位数です。じつは交代群 A_5 は，A_5/N がアーベル群となるような正規部分群 N を含まないだけではないのです。ガロアが指摘したように，そもそも（A_5 と $\{e\}$ をのぞいて）正規部分群そのものを含まないのです。

● おわりに

　これまで見てきたことは，すべての5次方程式が根号を用いて解けない，ということではありません。

　2次方程式，3次方程式，4次方程式は，根号を用いればすべて解けます。これに対して5次方程式は，すべてというわけにはいかないということです。つまり5次方程式（5次以上の方程式）には，「解の公式」は存在しないのです。

　特別な場合には，その解が根号を用いて表されることは，もちろんあります。ガウスなどは，16次方程式を解いてみせたので

5次方程式には存在しない「解の公式」

す。

個々の方程式については、そのガロア群を調べることになります。5次方程式のガロア群なら、S_5の部分群のどれかです。

もし個々の方程式について、（見かけの）係数から出てくるような何かうまい判定方法を期待していたのなら、がっかりですね。ガロア自身が論文の中で、次のように述べているのです。

『係数がみな数であるときも、文字を含むときもあるが、与えられた代数方程式の根が根号で表されるかどうかを見分けよというのがわれわれに完全な解決を要求している問題である。

もしあなたが勝手に選んだ方程式を私に示し、これが根号で解けるかどうかを判定して欲しいといわれれば、私はそれに答える方法をあなたに示すことはできるが、それを実行してあなたの問に答えることは、私自身でしようとも思わないし、他のどなたかに頼んで実行してもらうこともしないであろう。それを実行する計算は、実際上不可能なほど面倒なのである。』

3章 ガロア群を見てみよう

ガロア群さえ分かってしまえば，もう方程式のことは考えなくていいのね。

そうだよ。もしかしたら「方程式の話」を「群の話」に置きかえただけ，と思うかもしれないね。だけど，「何か」を別の「何か」に置きかえることで，見えてくる光景もあるのだよ。

ガロア・ダンサーズ

付録 資料

　たくさんの数式や図をのせながら，ガロア理論そのものの解説ではなかったですね。ガロア理論を順序立てて学びたい方には，本当に申し訳なく思っています。決してページ数の関係でもなければ，時間の関係でもありません。「はじめに」でもお断りしましたが，著者の力量の問題です。現在では，ガロア理論は一般論の１つの応用として学ばれています。到達目標どころか，通過地点といった位置づけなのです。道半ばということで，みなさまの今後のご健闘をお祈りいたします。

● 資料について

　恩師の**久保田富雄**先生から，代数，幾何，解析に関するいくつかの資料をいただきました。その中の代数関係の資料をここに転載させていただきます。

　前書きには，次のように書かれていました。

「細かいところが略してありますので分かりにくいですが，「方程式のベキ根による解法」は，５次以上の対称群の非可解性が，そこに書かれた２つの置換の等式に帰することを言っているのです。

　この資料で強調したいのは，３次と４次の方程式の解の公式は，簡単な因数分解の公式からすぐ出るということです。」

付録　資料

● 資料1（方程式のベキ根による解法）

一般の方程式をベキ根で解くとは，文字係数の n 次方程式について，2次方程式と同じような根の公式をベキ根と加減乗除を含む式によって作ることである。

$n \geq 5$ のときそれが不可能であることは，次の2種類の交換子表示に帰着する。

$(12)(34) = (12)(13) \cdot (12)(14) \cdot (13)(12) \cdot (14)(12)$

$(12)(13) = (14)(13) \cdot (15)(12) \cdot (13)(14) \cdot (12)(15)$

● 資料2（角の3等分と立体の倍積）

一般の角を3等分するとは，絶対値1の複素数 t について，平方根と加減乗除ばかりで $\sqrt[3]{t}$ を求めることである。しかし，それができれば，一般の複素数についても，特に実数についても同じことができるはずである。したがって，角の3等分と，任意の $t > 0$ に関する立体の t 倍積問題は同じことである。

t を変数（＝文字）とみたとき，それが不可能であることは，$x^3 - t$ の既約性に他ならず，有理式の素元分解の一意性から出る。

すなわち F を任意の体とし，$x^3 - t$ が有理関数体 $F(t)$ で可約とすれば，$t = f(t)^3$，$(f(t) \in F(t))$ がなりたつ。$f(t)$ を素元分解すれば

$$t = \frac{p_1(t)^3 p_2(t)^3 \cdots\cdots p_r(t)^3}{q_1(t)^3 q_2(t)^3 \cdots q_s(t)^3}$$

となり，素元分解の一意性に反する。

付録　資料

● **資料3（3次方程式）**

$$a^3+b^3+c^3-3abc=(a+b+c)(a+\omega b+\omega^2 c)(a+\omega^2 b+\omega c)$$

a を x に変えると

$$x^3-3bcx+b^3+c^3=(x+b+c)(x+\omega b+\omega^2 c)(x+\omega^2 b+\omega c)$$

左辺を3次式 $x^3-3px+q$ と比較すれば，

$$p=bc \quad , \quad q=b^3+c^3$$

したがって，2次方程式 $t^2-qt+p^3=0$ の解として b^3, c^3 が求められ，3次式が因数分解される。

● **資料4（4次方程式）**

$$a^4+b^4+c^4+d^4-2(a^2b^2+a^2c^2+a^2d^2+b^2c^2+b^2d^2+c^2d^2)+8abcd$$
$$=(a+b+c+d)(a-b-c+d)(a-b+c-d)(a+b-c-d)$$

a を x に変えると，

$$x^4-2(b^2+c^2+d^2)x^2+8bcdx+(b^2+c^2+d^2)^2-4(b^2c^2+b^2d^2+c^2d^2)$$
$$=(x+b+c+d)(x-b-c+d)(x-b+c-d)(x+b-c-d)$$

左辺を4次式 $x^4-2px^2+8qx+r$ と比較すれば，

$$p=b^2+c^2+d^2, \quad q=bcd, \quad \frac{1}{4}(p^2-r)=b^2c^2+b^2d^2+c^2d^2$$

したがって，3次方程式

$$t^3-pt^2+\frac{1}{4}(p^2-r)t-q^2=0$$

の解として b^2, c^2, d^2 が求められ，4次式が因数分解される。

資料 5（複素数体の代数的閉性）

Galois 理論と 2 つの事実

〔A〕 $\mathbb{R}$ は奇数次の拡大体をもたない

〔B〕 $\mathbb{C}$ は 2 次拡大をもたない

による証明。

$\mathbb{C}$ の Galois 拡大 K があれば，〔A〕により K/$\mathbb{C}$ の次数は 2 のベキである。もし K が $\mathbb{C}$ より大きければ，2 群は指数 2 の部分群をもつから，〔B〕に矛盾する。

（注：$\mathbb{R}$ は「実数体」，$\mathbb{C}$ は「複素数体」）

参考文献

　ガロアの論文等に関しては，次の書籍からそのまま引用させていただきました。なお引用箇所は『　』（青線の中）と表示し，他と区別しています。

> 『ガロアの時代　ガロアの数学　第一部 時代篇』
> 『ガロアの時代　ガロアの数学　第二部 数学篇』
> （彌永昌吉著　シュプリンガー・ジャパン）

　正17角形の作図に関しては，次の書籍を傍らに置き，間違わないように答を確認しながら計算を進めました。該当箇所は「ガウスが友人にあてた手紙」の内容で，そこでは複素数の実部の cos を用いて記述されています。なお現在は岩波文庫として出版されています。

> （旧）『近世数学史談』（高木貞治著　共立出版）
> （新）『近世数学史談』（高木貞治著　岩波文庫）

索引

■ 英字・数字・記号
$\sqrt{}$　16, 17, 19, 32, 43, 53, 57, 67, 81, 109
$\sqrt[3]{}$　14, 17, 32, 76, 81
G/N　213
i　17, 23, 165
Q　60, 67
σ^{-1}　215

■ あ行
アーベル群　132, 170, 216
あみだくじ　219
位数　133, 139, 173, 210
1のn乗根　33
　—5乗根　55
　—3乗根　37, 47, 76, 146
　—2乗根　33, 92
aの3乗根　38, 40
　—2乗根　34, 36
　—n乗根　17
　—累乗根　18
　—べき根　18

■ か行
解　18
解と係数の関係　47, 93
解の公式　14, 46, 79, 87, 92, 101

解の置換　43, 97
ガウス　29, 102, 120, 135
ガウス平面　24
可換群　132
カルダノの公式　72
ガロア　8
ガロア群　96, 132, 134, 143, 173
ガロア理論　8, 173, 234
還元不能　166
奇置換　160, 220
基本対称式　97
逆元　126, 168, 215
既約（方程式）　18, 96, 120, 134, 232
虚数　24
虚数単位　23
偶置換　160, 220
クラインの四元群　193, 217
群　132
結合法則　132
元　132
交換子　216, 224, 232
交代群　223, 224
　3次の—　176, 181, 182
　4次の—　192
　5次の—　228
恒等置換　98, 130, 190
コーシー　11

互換 98, 160, 220, 225
固有分解 135, 143, 184, 206, 208, 228
根 19
根号 14, 15, 17, 184

■さ行
作図できる数 112
差積 158, 159, 161
次数 29, 59, 61, 133, 134, 173
実数 14, 24, 30
巡回群 132, 143, 144, 211
順列 133, 188
商群 139, 213
剰余群 139, 178, 205, 213
剰余類への類別 135, 176
知られた数 21
正規部分群 43, 135, 181, 205, 206, 209, 218
正5胞体 219
正17角形 112
絶対値 26, 33, 63
組成列 143, 183, 198

■た行
体 59, 145
対称群 223, 231
　3次の— 170, 180, 181, 207
　4次の— 188
　5次の— 223
対称式 93, 97

代数的に区別できない 18
タルタリア 72, 123
単位元 126, 130, 168
置換 98, 148
中点 26, 48, 49, 63, 112
デル・フェロ 72
添加 21, 31, 67, 135, 205

■な行
二項方程式 17, 76, 123
　2次の— 18
　n次の— 18, 123

■は行
判別式 99, 163
p乗根 164, 183, 213
フェラリ 82, 202
フォンタナ 72
複素数 14, 24, 30
複素平面 24
符号 22, 159, 160, 161
部分群 135, 209
分解 135
平均 26
平方 19
平方完成 44, 46, 53, 73, 202
平方根 19
べき根 18
偏角 14, 26
ポアッソン 11, 67, 121
方程式の可解性 214

補助方程式　57, 76, 106, 115, 188

■ ま行

無理数　16

■ や行

有理化　61
有理数　16, 30
有理数体　60
有理的　59

■ ら行

ラグランジュ　52, 62, 66, 89, 96, 98, 145
ラグランジュの定理　210
ラグランジュの分解式　91, 147, 164
立方　19, 74
累乗根　18
ルート2　16

著者プロフィール

◎**小林 吹代**（こばやし・ふきよ）

1954年，福井県生まれ。

1979年，名古屋大学大学院理学研究科博士課程（前期課程）修了。

2014年，介護のため教職を1年早く退職し，現在に至る。

著書に，『大人の算数子どもの数学』『見えてくる数学』（すばる舎）『これ以上やさしく書けない微分・積分』（PHP研究所）『学校では教えない数学のツボ』（大和書房）『1週間でツボがわかる！大人の「高校数学」』『仕事で差がつく図形思考』（青春出版社）『ピタゴラス数を生み出す行列のはなし』（ベレ出版）がある。

【URL】http://www.geocities.jp/math12345go 「12さんすう34数学5Go!」

ガロア理論「超」入門
～方程式と図形の関係から考える～

2016年12月25日　初版　第1刷発行
2017年9月25日　初版　第2刷発行

著　者　小林 吹代
発行者　片岡 巖
発行所　株式会社技術評論社
　　　　東京都新宿区市谷左内町21-13
　　　電話　03-3513-6150　販売促進部
　　　　　　03-3267-2270　書籍編集部
印刷・製本　港北出版印刷株式会社

定価はカバーに表示してあります。

本書の一部、または全部を著作権法の定める範囲を超え、無断で複写、複製、転載、テープ化、ファイルに落とすことを禁じます。
©2016 小林 吹代

造本には細心の注意を払っておりますが、万が一、乱丁（ページの乱れ）や落丁（ページの抜け）がございましたら、小社販売促進部までお送りください。送料小社負担にてお取り替えいたします。

ISBN978-4-7741-8574-3　C3041
Printed in Japan

●装丁
中村友和（ROVARIS）

●本文デザイン、DTP、イラスト
株式会社新後閑